中国潮菜

非遗美食

甜菜类

第2版

肖文清 ◎ 编著

SPM 南方出版传媒
广东科技出版社 | 全国优秀出版社
·广州·

图书在版编目（CIP）数据

中国潮菜. 甜菜类 / 肖文清编著. —2版. —广州：广东科技出版社，2021.12

ISBN 978-7-5359-7780-9

Ⅰ. ①中… Ⅱ. ①肖… Ⅲ. ①粤菜—菜谱 Ⅳ. ①TS972.182.653

中国版本图书馆CIP数据核字（2021）第229358号

中国潮菜：甜菜类（第2版）

Zhongguo Chaocai: TianCai Lei

出 版 人：严奉强
项目统筹：颜展敏　钟洁玲
责任编辑：张远文　彭秀清　李　杨
装帧设计：友间文化
责任校对：陈　静
责任印制：彭海波
出版发行：广东科技出版社
（广州市环市东路水荫路11号　邮政编码：510075）
销售热线：020-37607413
http: //www.gdstp.com.cn
E-mail: gdkjbw@nfcb.com.cn
经　　销：广东新华发行集团股份有限公司
印　　刷：广州一龙印刷有限公司
（广州市增城区荔新九路43号1幢自编101房　邮政编码：511340）
规　　格：720mm × 1 000mm　1/16　印张8.5　字数170千
版　　次：2021年12月第1版
2021年12月第1次印刷
定　　价：56.80元

序一
烹饪与教育结出硕果
——肖文清与他的中国潮菜

第2版“中国潮菜”系列书脱胎于广东科技出版社在1998年出版的“中国正宗潮菜”系列书，一套4册，分别是《中国潮菜：水产类（第2版）》《中国潮菜：畜禽类（第2版）》《中国潮菜：果蔬类（第2版）》《中国潮菜：甜菜类（第2版）》，共收入240道潮菜。过去20多年，潮菜飞速发展，所以第2版的菜式图片全部重新拍摄，并结合实际情况更新了30多道菜肴，而且全书版式焕然一新。

作者肖文清是元老级中国烹饪大师、中国潮菜烹饪界德高望重的一代宗师、潮汕餐饮行业领军人物、汕头市非物质文化遗产代表性项目“潮菜（潮州菜）烹饪技艺”传承人。17岁那年，他以优异的成绩毕业于汕头市服务学校厨师班，进入当时整个粤东地区最高档的接待单位——汕头大厦厨房工作。在那里，他善于钻研，勤于实践，获名师悉心培养，专业学识和刀鼎厨艺快速提升。与一般厨师不一样的是，肖文清除了擅长烹调、点心操作技术，还专心于理论研究，在潮菜传承、创新方面有独到见解。1979年，肖文清开始进入潮菜教育培训领域，兼任汕头地区商业技工学校教师。从此，他在烹饪实操和潮菜教育两条战线上同时发力：一边钻研技艺，创新潮菜；一边负责编写教材，培养新一代厨师。1984年，他成为汕头市饮食服务总公司副总经理，分管4个集体企业公司，同时兼任汕头市饮食服务行业技术培训中心主任，主抓潮菜技能培训，对烹饪的高技能人才进行升级辅

导。为配合教育培训，他访问老行尊，结合自己的工作实践，先后主持编写了《中国潮州名菜谱》《中国烹饪大师作品精粹·肖文清专辑》《正宗潮汕菜精选》等潮菜书籍。1998年在广东科技出版社出版的“中国正宗潮菜”系列书（全4册），就是这一阶段的成果。

几十年来，肖文清教育培训出的烹饪技术人才、餐饮服务人才成千上万。其中，通过考核的中式烹调师技师、高级技师达400多人，他们中有内地、港澳从事潮菜烹调的从业人员，也有来自国外的潮菜厨师。2005年肖文清获得中国烹饪协会颁发的“中华金厨奖最佳教育成就奖”。

可以说，在潮菜的烹饪和教育这两个领域，他都获得了丰硕成果。

2003年之后，他退而不休，多次带队到新加坡、泰国、马来西亚、中国香港、中国澳门、中国台湾等国家和地区举办“潮汕美食节”。肖文清的代表菜品有“红炖海螺”“红炆海参”“红炆海鳗”“红萝卜馃”“满地黄金”等。

潮菜诞生于潮汕平原，这里面朝大海，盛产名贵海味，农产品丰富，且烹饪技艺传承久远。本系列书依据食材大类，分成水产类、畜禽类、果蔬类、甜菜类4册。需要说明的是，潮菜的传统名肴，囊括了燕翅鲍参肚等高档食材，鱼翅曾是高端潮菜的主角。近年来，随着环保呼声日高，国际社会倡导不吃鱼翅，保护体形超大的大白鲨、鲸鲨、姥鲨等。在我国，2012年国务院发布新规，严禁公务接待食用鱼翅。在个人消费上，虽从未明令禁止，但我们也不提倡吃鱼翅。第2版我们保留了鱼翅相关菜肴，目的是让读者了解潮菜的历史传承和复杂的烹饪技法，举一反三，从而学会运用新的食材，烹制出健康环保的菜式。

潮菜是粤菜的三大流派之一，它传承久远，根深叶茂。改革开放以来，潮菜同样发生了翻天覆地的变化，很多传统名菜已经更新迭代。第2版“中国潮菜”系列书正是潮菜的迭代成果，这是对现当代潮菜烹饪技艺的一次总结。多年来，肖文清还负责潮汕地区烹调厨师和点心师等级考试、餐饮服务行业等级标准考核的命题及国家职业技能鉴定中式烹调师（粤菜）题库的修订。这样的资历，让本系列书具备了专业性和权威性。

本系列书涉及炊（蒸）、炆、炖、煎、炸、炒、泡、焗、扣、清、淋、灼、烧、卤等十几种烹饪方法，每款菜式详细列出选料配料、用量规格、制作步骤，简入浅出，通俗易懂，既适合专业厨师参考，也适合广大业余烹饪爱好者阅读。

相信第2版“中国潮菜”系列书的出版，将对潮菜在海内外的传承和传播起到积极的推动作用。

钟洁玲

资深编辑，美食作家

2021年8月28日

序二
潮菜的发展与特色

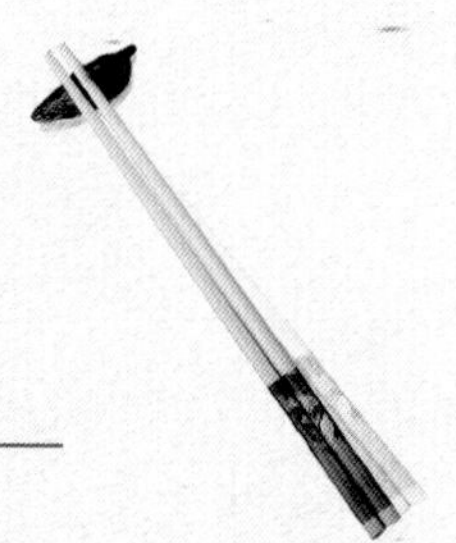

潮菜是粤菜三大流派之一，发源于潮州府，根植于潮汕大地，历经千余年的发展，以其独特风味自成一体。潮菜包括所有讲潮汕话地区的地方菜，人们又称之为潮汕菜、潮州菜。目前潮菜不仅风靡南粤，走俏神州，而且饮誉海外，香飘五洲，影响广泛而深远。

潮汕地处闽粤边界，位于东南沿海，韩江下游，北回归线横穿而过，气候温和，雨量充足，土地肥沃，物产极为丰富。这都是潮菜赖以发展的物质基础。

潮菜的形成和发展，源远流长。早在秦以前潮州为闽越，“以形胜风俗所宜，则隶闽者为是”，因此潮菜的渊源可追溯到古代闽越之时，其特色与闽菜有同源之处。秦以后潮州改属广东，潮菜也与广府菜一样受中原饮食文化的影响而得以提高。盛唐时代，被贬至潮州任刺史的韩愈，就曾写过《初南食贻元十八协律》一诗，是古代介绍潮汕饮食特殊风味的代表作。诗里记录了潮汕人民食鲎、蚝、蒲鱼、蛤、章举（章鱼）、马甲柱等数十种海鲜。由此可见，当时的潮汕人已有相当水平的烹饪技艺，不仅能利用当地的海鲜产品烹煮带有自己地方特色的菜肴，还晓得将盐、酱、醋、椒和橙等作为调味佐料。韩愈在传播中原文化的同时，也促进了中原的饮食文化与潮汕当地的饮食文化两相融合，久而久之，形成了独特的南方烹饪流派——潮菜。

中国菜素有“色、香、味、形、器”五大要素，唐代以后的宋、元、明历代对潮菜烹调技术和餐具器皿都有记载。曲阜孔府内有清代制造的银质餐具一套，这套餐具打制得精美豪华，是专为清代高级宴会——满汉全席用的，计404件，可上196道菜。其造型仿古，形状逼真，栩栩如生，有象形、鱼形、鸭形、鹿头形、寿桃形、瓜形、枇杷形等。器皿的印鉴清晰可见，分别为潮阳店及汕头的颜和顺老店。这套餐具保存在孔府，但它出自潮汕人之手，在潮汕当地打制，这说明清代潮汕饮食文化水准之高。至清末民初，汕头市作为新兴的通商口岸崛起，国内外商贾云集，市场繁荣，酒楼菜馆林立，名厨辈出，名菜纷呈，潮菜进入了一个飞跃发展的时代。20世纪30年代初，汕头市就有“擎天酒楼”“陶芳酒楼”“中央酒楼”等颇具规模的高档酒楼。

中华人民共和国成立后，潮菜烹调又有新的发展。特别是改革开放的春风带来了潮汕地区经济的腾飞，沿海城镇居民生活水平有较大的提高。汕头市作为经济特区和华侨众多的侨乡，商务往来、华侨探亲和旅游观光日益频繁，使饮食市场空前繁荣。大中型、多层次的酒店、宾馆、酒家、风味餐馆如雨后春笋般迅猛发展，潮菜进入了鼎盛发展时期。

潮菜的主要烹调技法有炆、炖、煎、炸、炊（蒸）、炒、焗、泡、卤、扣、清、淋、灼、烧、焗、羔烧、蜜浸等十几种，其中炆、炖具有独特风味。炆的主要特色是先用旺火，让气流击穿物料的机体，瓦解其纤维，然后改用慢火收汤，使物料逐渐吸收辅料之精华，融为一体，使之浓香入味，烂而不散；爆炒爽脆香滑，炊（蒸）、清、泡、淋尤为鲜美，保留了食材的原汁原味；卤的风味特殊；等等。因此，潮菜的风味特色是清而不淡、鲜而不腥、素而不斋、肥而不腻。

潮菜用料广博，其特色有“三多一突出”。

其一，水产类品种特别多。在唐代韩愈的诗中，就记录了当时潮汕人喜食的鲎、蚝、蒲鱼、章鱼、马甲柱等水产品，还有数十种是他不认识的，这令他大为惊叹。清嘉庆年间的《潮阳志》记载：“邑人所食大半取于海族，鱼、虾、蚌、蛤，其类千状，且蚝生、虾生之类辄为至美。”可见千百年来，这些海产品一直是潮菜的主要用料，因而以烹制海鲜见长是潮菜的一大特色。

其二，素菜多样，依时而变。此处所说的“素菜”是指素菜荤做，用肉类㸆、焖而成的菜，上席时见菜不见肉，使其达到“有味使之出，无味使之入”的境地。青蔬软烂不糜，饱含肉味，鲜美可口，令人饱享天然蔬鲜真味，素而不斋。名品有厚菇芥菜、玻璃白菜、护国素菜等数十种，以及近期推出的红萝卜羹、西芹羹、珠瓜羹等绿色食品菜肴，是粤菜系中素菜类的代表。素菜用料则随时令季节而变，所用的青蔬有大芥菜、大白菜、番薯叶、苋菜、西芹、菠菜、通心菜、黄瓜、冬瓜、珠瓜、豆腐、发菜、竹笋等，既体现田园风味，又有潮汕特色。

其三，甜菜品种多。潮汕地区属亚热带气候，历史上是蔗糖的生产区之一。潮汕人民很早以前就掌握了一套制糖的方法，为制作甜菜提供了基本原料。甜菜主要原料包括动物性和植物性两大类。动物性方面，有飞鸟禽兽、海味等；植物性方面，有瓜、果、豆、薯等。甜菜的选料不乏名贵原料，如燕窝、海参、鱼翅骨、鱼脑等，而更普遍、更具地域特色的是取材于本地四季盛产的蔬果和谷类，如南瓜、香瓜、姜薯、芋头、番薯、冬瓜、荸荠（马蹄）、柑橘、豆类、糯米等。在烹调技术的运用上根据原料各自的特点，采用一系列不同的制作工艺，使品种多姿多彩；

此外，猪肥肉、五花肉等荤料也可入菜做成上等名肴，登上大雅之堂。代表品种有金瓜芋泥、太极芋泥、羔烧白果、羔烧姜薯、炖鱼翅骨、绉纱莲蓉等。

最后，突出的是酱碟佐料丰富。潮菜中之酱碟佐料是其他菜系所不及的。酱碟是潮菜烹调的主要助味品，上至筵席菜肴，下至地方风味小食，基本上每道菜都必配以各式各样的酱。在烹调过程中，热处理容易使菜肴的色泽和味道受到影响，此时，可发挥酱料的辅助作用，使菜肴达到色、香、味、形俱佳。潮菜酱碟的搭配比较讲究，什么菜搭配什么酱料，正所谓“物无定味，适口者珍”。如明炉烧响螺，同时搭配梅膏酱和芥末酱；生炊膏蟹必配姜米浙醋；生炊龙虾应配桔油；肉皮冻、蚝烙要配鱼露；卤鹅肉要配蒜泥醋；牛肉丸、猪肉丸要配上红辣椒酱等。酱碟品种繁多，味道有咸、甜、酸、辣、涩、鲜等，色泽有红、黄、绿、白、紫、棕等，真是五光十色。

此外，潮菜筵席也自成一格，例如：大喜席用12道菜，其中包括咸、甜点心各一件。喜席有两道甜菜，一道作头甜，一道押席尾，头道清甜，尾菜浓甜，寓意生活幸福，从头甜到尾，越过越甜蜜；有两道汤（羹）菜，席间穿插上工夫茶，解腻增进食欲。如此种种，潮菜与广府菜、客家菜的风格迥然不同。

“中国潮菜”系列书是将传统潮菜和现今改革、创新菜肴相结合，经整理而写成的，以分册的形式出版。该系列书于1998年10月首次出版，已重印多次。2021年应广东科技出版社的邀约，根据潮菜制作技术的更新、菜肴的创新等重新制作、拍摄、编写了该系列书的第2版，以符合当代读者的需要。第2版“中国潮菜”系列书由《中国潮菜：水产类（第2版）》《中国潮菜：畜禽类（第2版）》

《中国潮菜：果蔬类（第2版）》《中国潮菜：甜菜类（第2版）》共4册组成。

在长期发展过程中，潮菜、广府菜、客家菜构成粤菜的三大流派，互相影响，共同提高。本系列书的出版，不但为粤菜（潮菜）添光增色，而且可作为烹饪技术人员和家庭烹饪爱好者的实用参考书。

本系列书中的菜品在制作、拍摄和编写过程中，得到多位大师和汕头市南粤潮菜餐饮服务职业技能培训学校老师的鼎力配合，他们是钟昭龙、高庭源、陈汉章、陈汉宁、肖伟忠、张进忠、陈进华、肖伟贤、黄光延、吴文洪等，在此表示衷心的感谢！

肖文清

2021年6月

目录

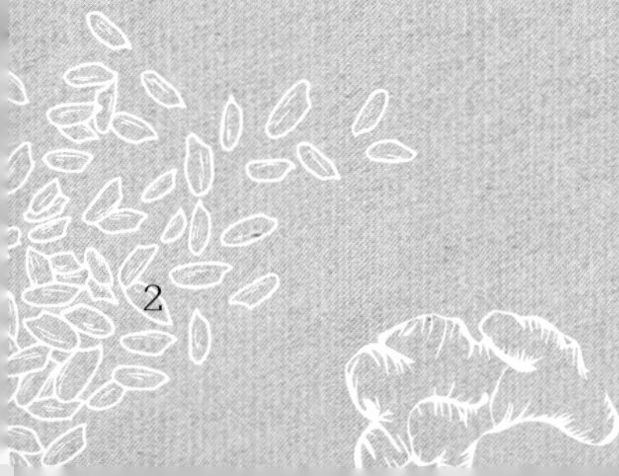

满地黄金

造型美观，甘甜粉香。

原料

红心番薯	1 000克
白　糖	500克
麦芽糖	30克
白　矾	30克
清　水	250克
鲜　橙	1个

1 先将红心番薯洗净、刨皮，刨至见内层红薯心。在清水中加入白矾15克，搅匀，把刨好的番薯放入白矾水中浸洗，再用刀将番薯切取出12块（直径6厘米、高4厘米的圆柱状），然后用小刀雕成元宝形状。另取清水加入白矾15克，把已雕好的元宝状番薯放入白矾水中浸泡片刻，捞起，晾干水分待用。

2 将鲜橙洗净，切成1厘米厚的片状，取4片待用。

3 用不锈钢锅一个，放入清水、白糖、麦芽糖，放在炉上，用慢火煮滚。滚至糖全部溶化后，继续熬，使水分不断蒸发，熬到糖浆不断升高，用筷子挑起，可以看出有坠丝，糖浆大滚，起大泡，这时糖浆已达到饱和，成为有一定黏稠度的糖胶，便可把已雕切成型的番薯和鲜橙片放入糖胶。当糖胶内的温度下降，水分增多，重新回原糖浆时，就必须用猛火熬3分钟，使糖浆升温，保持饱和度。这时番薯受糖浆内的热度所迫，本身的水分泌出，形成水蒸气，致使每件番薯的表面逐步形成带有黏度的硬糖表皮。这时便转为慢火，熬7分钟，使番薯逐渐受热，完全熟透，遂逐件捞起，盛摆在餐盘上即成。

蜜浸枇杷

原料

鲜枇杷	10个（约400克）
白　糖	150克
猪肥肉	50克
冬瓜片	50克
冰　肉	50克
芝　麻	25克
生　粉	30克
清　水	225克
生　油	600克（耗75克）
糕粉（又称潮州粉）	25克

特点

酸甜香嫩，别有风味。

制法

1 先将芝麻炒香，研碎，再把冰肉、冬瓜片切成细粒，同时加入糕粉和生油25克、清水25克，搅拌成水晶馅待用。

2 将枇杷去皮，用刀切平两端，去核。再把水晶馅逐个酿入枇杷里面，用生粉封口。

3 将炒鼎洗净烧热，倒入生油，候油温约180℃时，将枇杷投入略炸一下，捞起待用。再用不锈钢锅盛清水，加入白糖煮滚成糖水，然后把已炸过的枇杷放入糖水内。再将猪肥肉用刀切成薄片，盖在枇杷的面上。用慢火煮30分钟，把猪肥肉拿掉不要，再把枇杷逐个夹放入鲍盘间，把糖汤煮滚，用生粉加入清水调稀，倒入糖汤勾芡，淋在枇杷面上即成。

五仁金瓜

原料

金　瓜　　1个（约800克）
白　糖　　100克
花生仁　　50克
腰果仁　　50克
核桃仁　　50克
杏仁片　　40克
炒好芝麻　20克
生　油　　500克（耗100克）
清　水　　50克

特点 外表脆香，内里润嫩。

制法

1 先将金瓜去皮、瓤，然后切成12条，每条切成约3厘米×6.5厘米大小，待用。把腰果仁放入水中煮滚，约滚5分钟，捞起，用油炸过，待用。再把花生仁用清水洗净，用油炸过，去膜待用。把核桃仁、杏仁片分别用清水洗净，再用油炸过，待用。

2 将炒鼎洗净，烧热，放入生油。候油温约180℃时，把切好的金瓜条投入油炸，后改为慢火浸炸，至熟透，捞起待用。

3 将炒鼎洗净，加入白糖、清水50克，煮成浓糖油，候冷却待用。

4 将已备好的五仁碾碎，将每条已炸好的金瓜条酿上糖油，然后再粘上五仁碎，装上餐盘即成。

特点

清甘甜，粉香润。

金银双辉

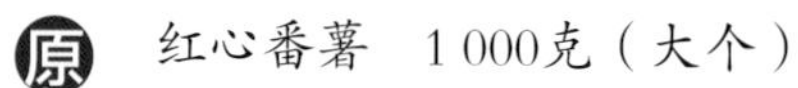

原料

红心番薯　1 000克（大个）
淮　山　800克
白　糖　750克
麦芽糖　40克
枸　杞　30克
白　矾　30克

1. 先将红心番薯洗净，刨皮，刨至见内层红薯心。在清水中加入白矾15克，再把刨好的番薯放入白矾水中浸泡。然后用清水洗去淮山的沙泥，刨皮，用清水漂洗。
2. 将已浸洗干净的番薯和淮山用刀切成直径为2.2厘米，长6.8厘米的圆柱形各10条。用两个汤盆分别盛着清水，一个放入白矾15克，把已切好的番薯放入，浸泡片刻捞起待用；另一个把已切好的淮山放入，浸泡片刻捞起待用。
3. 熬番薯及淮山的制作过程可参照“满地黄金”的制法。但番薯和淮山熬熟后，要盛入餐盘时分别摆成两边，再用铜笊篱盛着枸杞，放入糖浆内稍滚过，淋在番薯条和淮山条的中间，即成。

特点 造型美观，味道清甜香郁。

太极芋泥

原料

槟榔芋	750克	白　糖	500克
清　水	200克	白猪油	300克
乌豆沙	200克		

制法

1 将槟榔芋刨皮洗净，切成3毫米厚的薄片，放入蒸笼用旺火炊20分钟至熟。取出芋片放在干净的砧板上，用刀平压，研成茸状（以没有颗粒为合格）。

2 烧热炒鼎，放入芋泥，加清水100克搅拌均匀，掺入白糖400克，融合后逐渐变稀，慢火翻炒，加入白猪油，煮成糊状，用汤碗盛好。

3 将乌豆沙下鼎，加清水100克、白糖100克，搅拌均匀，成黏泥状，淋在芋泥上面，分布成太极图形即成。

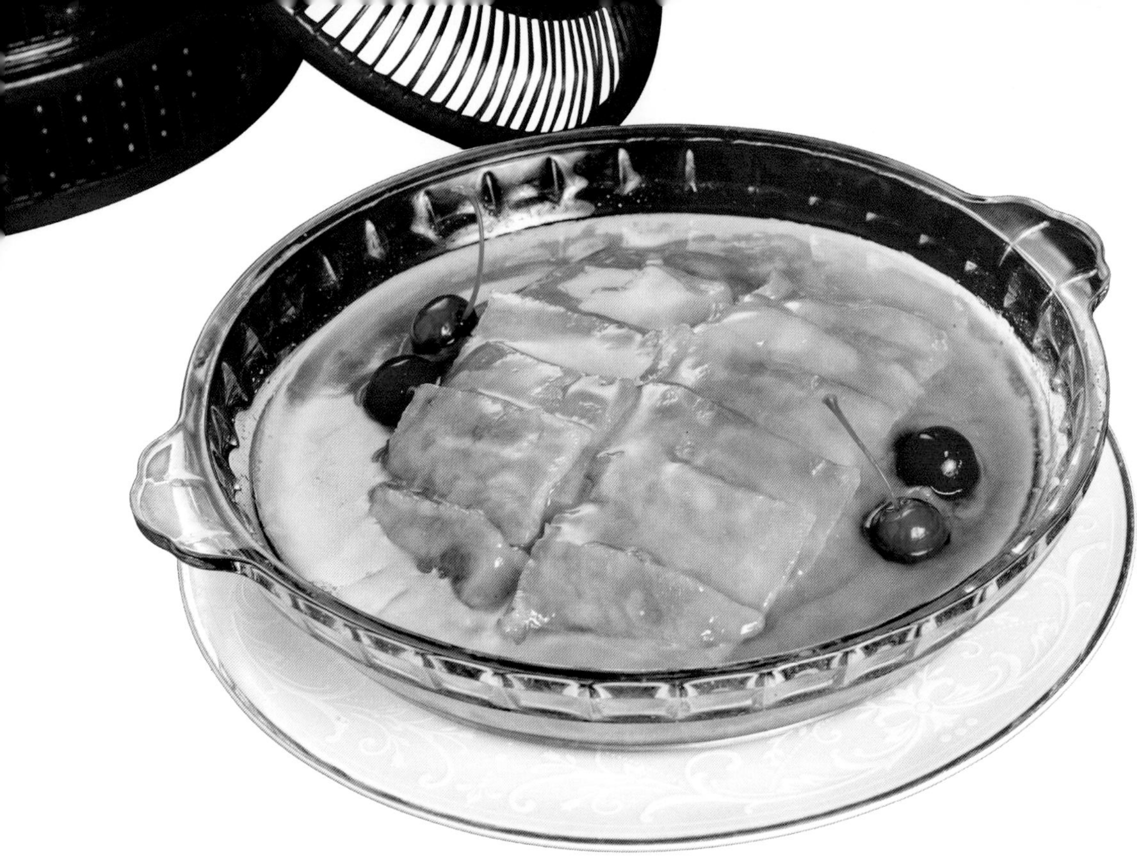

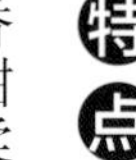

特点

香甜柔滑，肥而不腻。

玻璃芋泥

原料

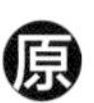

净芋头	600克	白　糖	500克
猪　油	200克	猪肥肉	200克
甜橙膏	30克	红绿樱桃	各2个
清　水	100克		
薄生粉水	少许		

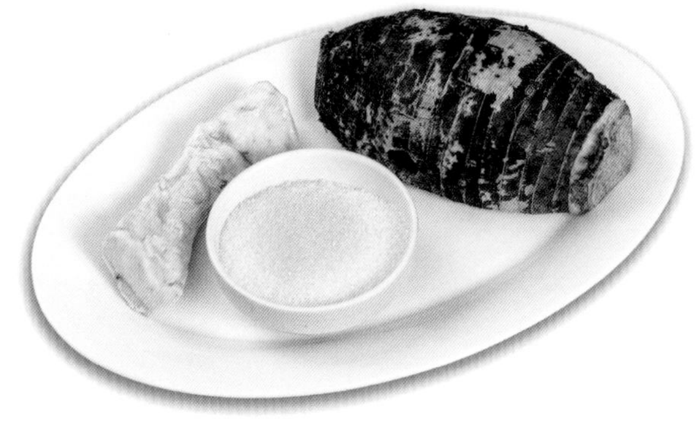

1 先将猪肥肉用刀切成6厘米×2.5厘米的薄片。然后放少量白糖在碗底，作垫底，把猪肥肉片逐片盖在白糖面上，再在猪肥肉片上面铺白糖，反复盖上猪肥肉片和白糖，盖至猪肥肉片完为止，再将白糖盖上，腌制24小时。将已腌好的糖猪肥肉片（即冰肉）逐片拿起，去掉黏附的白糖，用餐盘摆着待用。

2 将净芋头去皮，用刀切成片状，放入蒸笼炊24分钟至熟透取出，再把熟芋片放在干净的砧板上用刀平揉压，碾成芋茸（以润滑没有颗粒感为合格）。然后将炒鼎洗净烧热，放入少量猪油、芋茸、白糖400克，用慢火铲。铲至白糖溶解时，加入余下的猪油、甜橙膏再铲至外观细滑，便成芋泥待用。

3 把芋泥装在大碗间，再将冰肉逐片摆砌在芋泥面上，然后放入蒸笼炊15分钟，取出。将余下的白糖放入鼎内，加100克清水煮滚，滚至糖溶化时，用薄生粉水勾芡淋上即成。

金瓜芋泥

原料

芋　泥（参照第10页“太极芋泥”的原料及制法）　800克

金　瓜　　500克

白　糖　　300克

糖　油　　100克

制法

1. 将金瓜刨皮、去掉瓜籽，洗净后用刀切成三角形。然后盛放在大碗内，撒上白糖腌约5小时后，将腌瓜流出的糖水放入锅里煮过，撇去汤面的浮沫，再将金瓜倒入糖水锅中，用慢火煮至糖汤变成糖油，瓜块明亮。
2. 将芋泥分别装在10个小碗里，然后把煮好的金瓜块放在芋泥面上，立即放入蒸笼炊10分钟后取出，上席时淋上糖油即成。

特点

色金黄，味香甜。

香脆金瓜烙

原料

金　瓜	700克	面　粉	100克
糖冬瓜片	100克	白芝麻	20克
生　粉	20克	精　盐	5克
生　油	800克		

特点 色泽金黄，香醇酥脆。

制法

1 先将金瓜洗净，去皮，用刀切成粗丝状，盛在盆内，加入精盐搅拌均匀，稍等片刻后，加入生粉、面粉拌匀待用，再把糖冬瓜片切成粗丝状待用。

2 将炒鼎洗净，烧热，放入生油约800克，候油约160℃时关掉火源待用。另起烧鼎，放入少许生油，把金瓜丝、糖冬瓜丝、白芝麻用慢火煎至底层稍变硬，再用铁勺将另一个炒鼎的热油逐勺倒入煎金瓜丝的周围，炸至酥硬，捞起。

3 将已炸制好的金瓜烙切成10件，摆进盘间即成。

白果芋泥

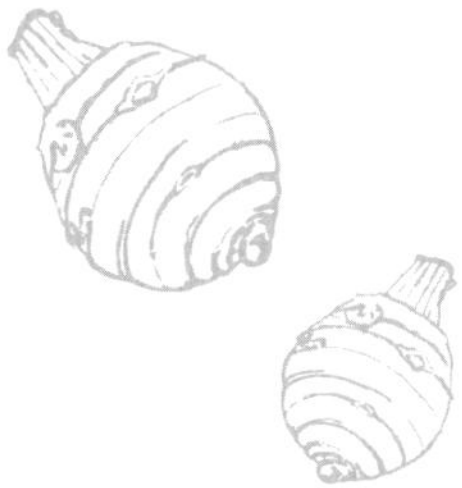

原料

芋　泥	300克	制好白果	400克
腌糖肉丁	25克	白　糖	100克
橘饼粒	15克	清　水	少许

特点 两色相映，甜润兼有。

1 把炒鼎洗净，放入已铲成的芋泥，用慢火铲至热透，然后分装进10个小碗内。再将炒鼎洗净，放入制好白果，加入白糖和少许清水煮滚，再放入腌糖肉丁、橘饼粒，用慢火煮5分钟。

2 把已煮好的白果分在已装好芋泥的小碗一边，即成。

羔烧栗子

特点 色泽金黄，香甜松化可口。

原料

生栗子	1 000克
白　糖	500克
猪肥肉	75克
葱　珠	10克
生　油	500克（耗50克）
清　水	少许

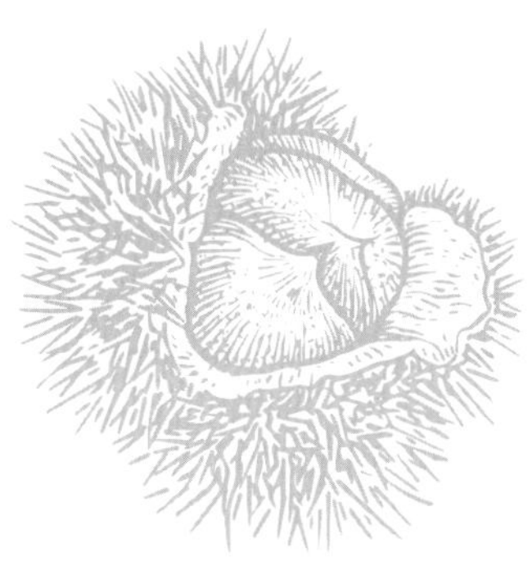

1 先将生栗子逐粒用刀剁破，放入锅里用开水煮过后，把煮过的栗子和水盛在盆里，用手将栗子外壳和膜撕掉，再把栗子放入锅里用滚水煮过捞起滤干。

2 把炒鼎洗净，烧热，放入生油，候油温约180℃时，把栗子熘炸过捞起。把猪肥肉切粒，用开水泡熟，腌上白糖待用。

3 将葱珠先下鼎炒至金黄色，投入栗子、剩下的白糖、清水少许，约煮10分钟，和入猪肥肉丁盛在锅里或盛在小碗里即成。

燕窝芋泥

原料

官燕窝	20克
冰　糖	300克
白　糖	200克
净芋头	600克
清　水	300克

制法

1 先将官燕窝放在炖盅内，用开水冲入，用盅盖盖密约1小时。然后用清水漂凉，撕成丝摘去羽毛，洗净，再用开水冲洗数次。每次用开水冲入时，要加盖浸泡片刻，冲泡至官燕窝变得洁白柔软时，漂凉滤干水分放入大碗，放入蒸笼炊15分钟，取出待用。

2 把净芋头洗净，用刀切成薄片，放入蒸笼炊熟取出，趁热放在砧板上用刀碾压成芋茸（要压得均匀，防止有颗粒产生，影响质量）。将全部的熟芋头碾压成芋茸后，再加入白糖用手搅拌均匀，至白糖全部溶化便成加糖的芋泥待用。

3 先将芋泥分别盛入10个小炖盅内，然后把已发好的燕窝分10份放入炖盅的芋泥面上，放入蒸笼炊约15分钟。再用不锈钢锅盛着清水和冰糖，放在炉上煮滚，煮至冰糖溶化时便成冰糖汤，然后把炊好的燕窝芋泥取出，将冰糖汤趁热分别灌入盅内即成。

鲜香清甜，滋补润肺。

羔烧白果

特点 甜润香滑。

原料

白　果	750克
猪肥肉	75克
白　糖	700克
橘　饼	50克

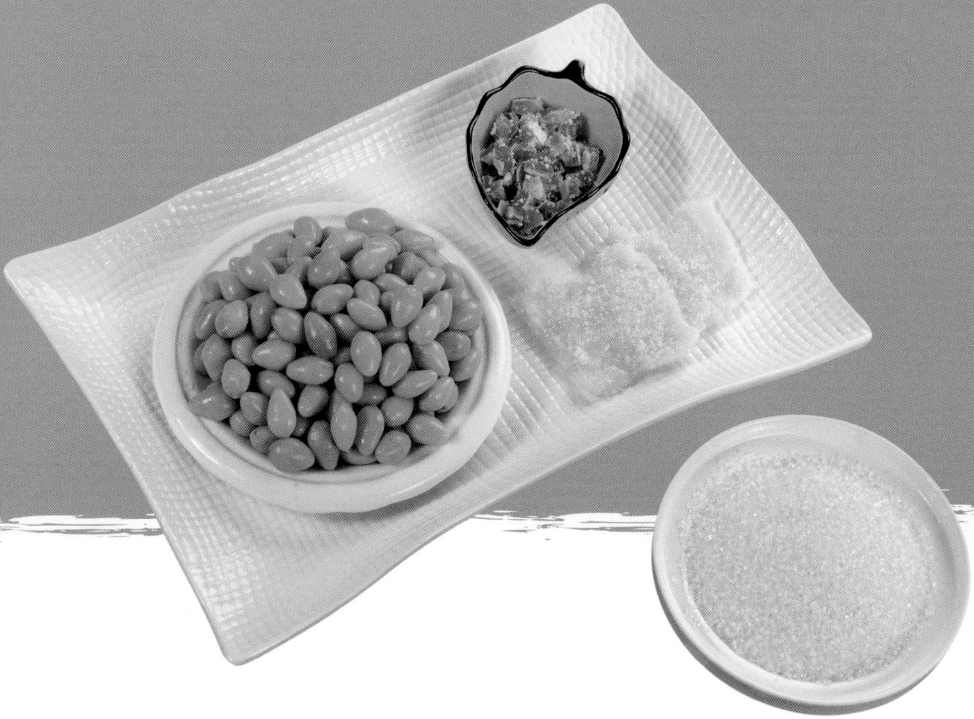

1 先将白果放入炒鼎内加清水煮滚，再将白果打破去壳，逐粒用刀切半，放入炒鼎里用开水泡过捞起，脱膜，浸冷水，反复漂洗几次，漂至白果膜去掉为止，使白果的苦汁去净后捞起滤干水分，盛在炒鼎里，撒上白糖600克，腌约1小时后，加适量清水置炉上用慢火煮约30分钟。

2 将猪肥肉切粒用开水泡过，腌上白糖100克，再把橘饼切成细粒，加入白果拌匀，再放入炒鼎，收汤盛起即成。

甜栗子泥

原料

净栗子肉	600克
白　糖	400克
猪　油	150克
葱　珠	10克
清　水	200克
生　油	少许

制法

1 将栗子肉放入炒鼎里用开水煮至烂时捞起，置于砧板上用刀碾成栗子泥待用。

2 将炒鼎洗净，烧热，放入少许生油，将葱珠放入油鼎炒至金黄色后，投入栗子泥、白糖、清水，用慢火炒匀，手勺要不断翻动，且要边炒边下猪油，炒至猪油全被栗子泥吸收后，盛进餐碗即成。

特点

甜润，浓香。

羔烧姜薯

原料

刨白姜薯　750克
白　糖　500克
葱　珠　15克
生　油　500克（耗100克）
猪　油　60克
清　水　少许

特点

色白透明，香甜可口。

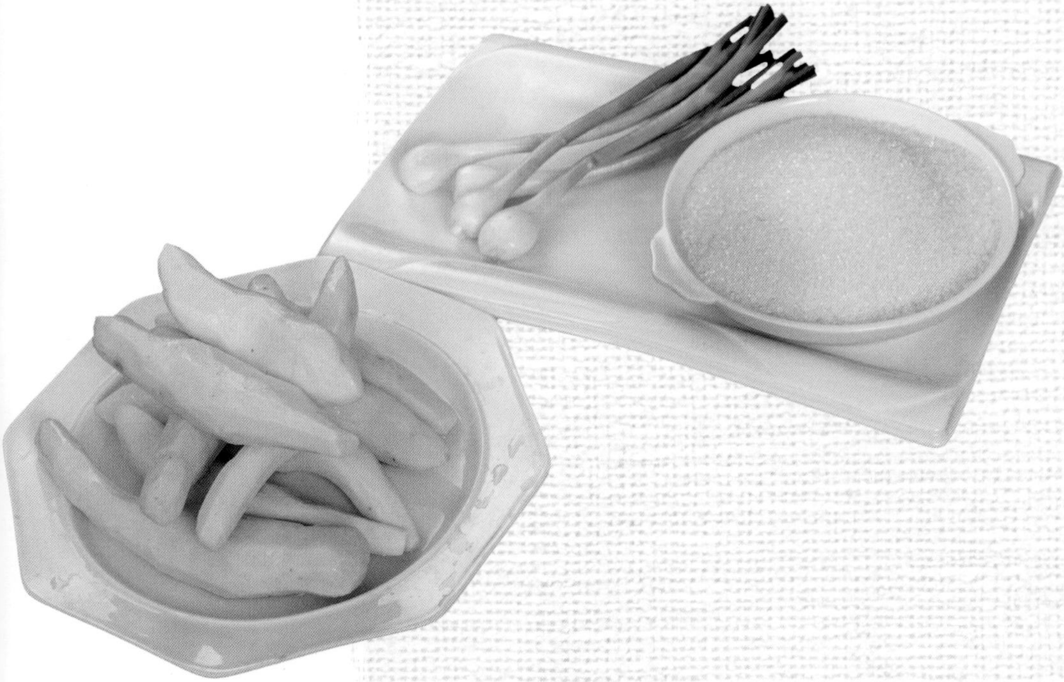

制法

1 将刨白姜薯切成角状或切成条状，把炒鼎洗净，烧热，倒入生油，候油温约150℃时，将姜薯块放入油中炸，用慢火炸至熟透，捞起。用大碗盛着，加入白糖，搅拌均匀待用。

2 把葱珠放入鼎里用猪油炒至金黄色，再将腌过糖的姜薯块倒入鼎里加入少许清水，用慢火把姜薯块煮成透明色，盛入餐盘即成。

反沙香芋

特点 外皮酥香，内里松甜。

原料

芋　头	750克
白　糖	400克
葱　珠	15克
花生仁末	25克
生　油	500克（耗150克）
清　水	少许

1. 将芋头洗净去皮，用刀切成6厘米×2.5厘米的条状，把炒鼎洗净端上火炉，放入生油，候油温约180℃时把芋头放入鼎里，炸至呈金黄色（要炸熟）捞起。
2. 将葱珠倒入鼎里炒香，加入白糖和少许清水，把糖煮成甘（即糖浆滚至出现大白气泡）后，将炸好的芋块、花生仁末一起倒入鼎内，把鼎端离火炉，再用鼎铲边铲边用风扇吹冷，至糖变成干白即成。

反沙银杏

原料

银　杏	600克	白　糖	500克
青　葱	50克	花生仁	50克
清　水	200克	糕粉（即潮州粉）	150克

特点

外松甜，内甘润。

制法

1. 先将银杏用开水煮熟，打破去壳，然后再用开水滚过，整粒浸过冷水，撕去外膜后漂洗至外膜去掉为止。用清水浸泡待用。
2. 把青葱洗净，用刀切成葱珠候用。花生仁炒熟，脱膜，用食品搅拌机搅碎成花生末待用。将银杏捞入汤盆，要保持一定水分，再将糕粉放入筛斗，逐步筛入银杏间，边筛边翻动银杏，使每粒银杏都粘上糕粉为止。然后用餐盘盛着，摊开待用。
3. 将炒鼎洗净，放入清水、白糖，用慢火煮，煮至白糖全部溶化成糖浆，并且糖浆煮至起甘（即糖浆滚至出现大白气泡）时，即端离炉位，用鼎铲搅几下，然后倒入银杏、葱珠、花生末，再用鼎铲边铲边翻转，同时用风扇吹冷，翻转至糖变成干白即成。

反沙潮州柑

原料

潮州柑	3个	白　糖	400克
葱　珠	15克	花生仁	25克
白芝麻	5克	面　粉	80克
生　粉	100克	泡打粉	1克
生　油	750克（耗75克）		
清　水	300克		

特点

外脆甜香，有汁带酸。

1 先将潮州柑剥开，取柑肉，同时把每瓣柑肉的外丝根撕干净，再用牙签挖去柑核，然后逐片排列好，每瓣柑肉都撒上生粉，约撒生粉共60克，待用。

2 将面粉、泡打粉、生粉40克盛入碗内搅拌均匀，加入清水约100克，用筷子搅拌均匀，再加清水80克搅匀，成为稀浆待用。把白芝麻炒香候用。再把花生仁炒熟，脱膜，研碎成花生末。

3 将炒鼎洗净烧热，放入生油，候油温约160℃时，把每瓣柑肉蘸上稀浆放入油中炸至外表硬身便捞起待用。

4 将炒鼎洗净，放入清水120克，同时放入白糖，用慢火煮，煮至白糖全部溶化，并且糖煮到起大泡成甘（即糖浆滚至出现大白气泡）时，把炸好的柑肉投入，并将白芝麻、花生仁末、葱珠投入，把鼎端离火炉位，再用鼎铲边铲边用风扇吹冷，至糖变成白色时便成。用餐盘盛着，再用鲜柑肉瓣或其他原料拼边即成。

反沙姜薯

原料

姜　薯	750克
白　糖	500克
青　葱	40克
生　油	1 000克（耗100克）
清　水	100克

特点

色泽白中带绿，

质地外脆内粉。

1 先将姜薯洗净，去皮，用刀切成4厘米长的块状，用清水浸洗，捞起滤干候用。青葱洗净，用刀切成细葱珠待用。

2 将油鼎洗净烧热，倒入生油，候油温约180℃时，把已切好的姜薯放入鼎内用中火慢炸，边炸边搅动，炸至熟透（注意炸时要保持姜薯为白色）捞起。

3 把炒鼎洗净，放入清水100克，然后放入白糖，用慢火煮（在放入糖后，为防止糖粘鼎底，要经常搅拌，否则会影响色泽和质量）；待糖煮至全溶化，鼎内的糖起泡状，就马上将鼎端离火炉位，用鼎铲搅拌，同时放入葱珠再搅匀；搅至糖稍变白时，将已炸好的姜薯倒入，再用鼎铲在鼎内进行翻转。翻转至每块姜薯都均匀地粘上糖胶，并且变成白色为止。用餐盘盛着即成。

八宝甜饭

原料

糖冬瓜片	25克	糯　米	300克
豆　沙	200克	熟莲子	25克
柿　饼	25克	核桃仁	25克
橘　饼	25克	白　糖	500克
葱珠油	15克	红绿樱桃	各2个
猪网油	150克	生粉水	适量
清　水	少许		

特点 香甜较润，口感极佳。

1 将糯米洗净盛在碗里，加少许清水放入蒸笼炊20分钟至熟，取出待用。

2 将糖冬瓜片、柿饼、橘饼切成薄片后，把部分切粒再加入葱珠油、白糖300克和炊熟的糯米饭一起拌匀，红绿樱桃各切成半待用。

3 先把猪网油洗干净，捞起用手压干水分，然后摊开在餐碗里，再把豆沙做成圆形摆在餐碗中心，红绿樱桃、柿饼、橘饼、糖冬瓜片、熟莲子、核桃仁砌成花形放在碗底，再把拌好的糯米饭放在上面，把餐碗周围的猪网油向碗里压入，放入蒸笼炊热倒翻进另一碗里。将200克白糖掺入少许清水，和生粉水勾芡，淋上即成。

姜薯鲤鱼

原料

净姜薯	500克	白　糖	150克
澄面粉	50克	鸡　蛋	1个
绿豆沙馅	300克	滚　水	70克
生　油	少许		

造型美观，粉滑香甜。

1 先将净姜薯去皮，用刀切成片，放入蒸笼炊熟，炊熟后趁热倒在砧板上，用刀碾压烂，揉压成姜薯茸待用。

2 把澄面粉用碗盛着，用70克滚水，趁热冲入，用筷子搅拌均匀，倒在砧板上，加入白糖150克，搓揉均匀，再和入已压烂的姜薯茸和鸡蛋白；然后分成10块，每块姜薯茸皮包上绿豆沙馅，搓成圆形，稍压扁，用印模印，制成鲤鱼形状，放入已抹上生油的盘中，放入蒸笼炊5分钟后取出待用。

3 将已炊好的姜薯鲤鱼摆放在餐盘上。

玻璃肉饭

原料

糖冬瓜片	15克	糯　米	500克
冰　肉	250克	白　糖	600克
橘　饼	10克	葱珠油	15克
芝　麻	25克	红绿樱桃	各4个
清　水	100克	生粉水	少许

特点

香甜滋润，清爽可口。

制法

1 先将糯米洗净盛在碗里，加入清水少许，放入蒸笼炊熟。把橘饼、糖冬瓜片切成粒，加入芝麻、白糖450克和葱珠油、糯米饭一起拌匀。

2 将冰肉先摆在碗底，再将红绿樱桃切半摆入，然后把拌好的糯米饭放在上面，放入蒸笼炊热倒翻进另一碗里，把白糖150克和入清水100克、少许生粉水勾成薄芡，淋上即成。

炊姜薯酵

特点 松软清香，甜淡适口。

原料

净姜薯	400克	白　糖	100克
鸡　蛋	2个	吉士粉	10克
葱	10克		
白糖粉	100克		
白芝麻	10克		
生　油	10克		

制法

1 将姜薯洗净去皮，晾干水分，用刀切成小片。然后放入食品搅拌机内，先把姜薯搅碎，再加入白糖，搅拌至姜薯成泥，并且白糖全部溶化时，再加入鸡蛋白，继续搅拌至姜薯泥成发酵状。

2 在不锈钢方盘内抹上生油，将已搅拌好的姜薯酵倒入，剩下十分之一留用。再将剩下的十分之一姜薯酵用小碗盛着，加入吉士粉，用筷子搅拌均匀，然后用一张三角牛皮纸折成漏斗状，并把吉士姜薯泥倒入，用手挤入不锈钢方盘内的姜薯泥面上（可挤成各种花纹，花纹随意），再用牙签划几划也成为花纹。放入蒸笼炊15分钟即熟。

3 把葱洗净，用刀切成细葱珠，再将炒鼎洗净，放入生油，再放入葱珠，煎至金黄色有香味，盛起待用。再把白芝麻炒香，同葱珠油、白糖粉搅拌均匀，用小碟盛着待用。把已炊熟的姜薯酵用刀切成厚约1.2厘米、宽约4厘米、长约6厘米的块状，摆砌在餐盘间，盘边彩花拼盘，上席时跟上白糖粉，便于嗜好甜味的客人蘸配，别具风味。

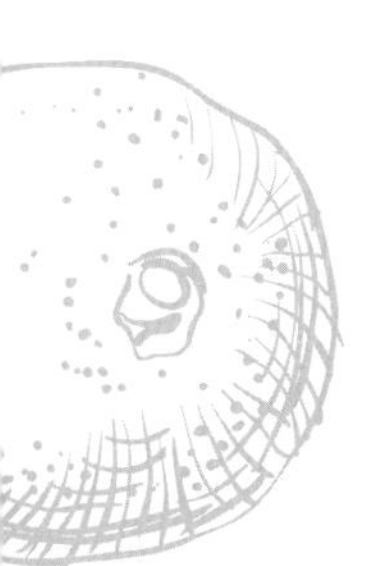

香橙银杏盅

原料

鲜　橙	4个
银　杏	600克
白　糖	400克
猪　油	100克

特点

香橙味浓，细腻嫩滑。

1 先将银杏放入锅里，加入清水煮滚，煮至熟透后捞起，再将银杏打破去壳，用刀切半。接着用冷水漂洗银杏并去掉外膜，把外膜漂洗干净，再用清水反复漂洗几次，使银杏的苦涩味去掉后，捞起。

2 把鲜橙逐个洗净，用刀在离蒂约1.5厘米处切开，上部当盖用。然后用汤匙把鲜橙肉和籽挖出来，再将鲜橙肉压出橙汁约100克待用。

3 把银杏放入食品搅拌机搅拌成银杏泥，倒出待用。把炒鼎洗净，倒入银杏泥、白糖，用中慢火煮，边煮边铲（防止焦鼎）。煮至白糖全部溶化时，加入猪油、橙汁再搅匀。最后盛入各个鲜橙胆内，盖上橙蒂盖，用小碗盛着，放入蒸笼炊熟即成。

特点

此菜皮起皱纹，肉软烂甘香，甜味极浓，是潮汕风味菜。

甜绉纱肉

原料

猪五花肉	500克	槟榔芋头	400克
白　糖	800克	深色酱油	5克
湿生粉	10克	猪　油	100克
生　油	1 000克（耗100克）		
滚　水	1 550克		

制法

1 将猪五花肉刮洗干净。槟榔芋头刨皮洗净，入蒸笼用中火炊熟取出，碾压成泥。

2 将猪五花肉放入滚水锅里，用中火煮约40分钟至软烂，取出，用铁针在猪皮上戳几个小孔，用布抹干，涂匀酱油着色。用中火烧热炒鼎，倒入生油，候油温约150℃时，放入猪五花肉，加盖后端离火炉位，浸炸至皮呈金黄色，倒入笊篱沥去油。将猪五花肉切成长8厘米、宽5厘米、厚1.2厘米的长方块。将炒鼎端回炉上，下滚水1 000克，放入猪五花肉块煮约5分钟，捞出用清水漂浸。如此反复煮漂4次，至去掉油腻为止。

3 把竹篾片放入砂锅垫底，下滚水400克、白糖400克，放入猪五花肉块，加盖用小火炆约30分钟取出，摆放在碗内（皮向下）。

4 用中火烧热炒鼎，下猪油100克，放入芋泥，转用小火慢慢炒，边炒边加入白糖300克，至糖溶化后取出铺放在猪五花肉块上。将猪五花肉块连同芋泥放入蒸笼用中火炊约20分钟，取出倒扣在汤碗里。

5 炒鼎洗净，下滚水150克，白糖100克，烧沸后用湿生粉调稀勾芡，淋在肉上即成。

八宝金瓜盅

原料

金　瓜	1个（约600克）		
糖冬瓜片	25克		
糯　米	300克	熟莲子	25克
冰　肉	50克	核桃仁	25克
熟芝麻	20克	柿　饼	25克
橘　饼	25克	葡萄干	20克
白　糖	400克	葱珠油	15克
清　水	280克	薄生粉水	少许
生　油	750克（耗75克）		

特点 外润香，内甜爽。

制法

1. 先将金瓜刨皮，在瓜顶部的三分之一处切开盖留用，用刀修整成原来的形状（即保持整个瓜的造型）。同时挖去瓜内的瓤籽并洗净。再将炒鼎洗净烧热，倒入生油，候油温约200℃时，把金瓜连盖放入油中炸过，捞起待用。
2. 将糯米洗净，放入大碗或鲍盘，加入清水200克抹平，放入蒸笼炊20分钟至熟透取出，便成糯米饭待用。
3. 将冰肉、糖冬瓜片、核桃仁、柿饼、橘饼均切成细丁。再将白糖250克放入糯米饭内搅拌均匀，然后放入冰肉、糖冬瓜片、核桃仁、柿饼、橘饼的细丁和熟芝麻、熟莲子、葡萄干、葱珠油搅拌均匀，装进金瓜里，用大碗盛着待用。
4. 把金瓜放入蒸笼炊15分钟至金瓜熟透为准，取出盛入餐盘。再将炒鼎洗净，放入白糖150克、清水80克煮滚。滚至白糖全部溶化时，用少许薄生粉水勾芡，淋在瓜面上即成。

羔烧莲子

原料

贡莲子	600克	白　糖	300克
冰　肉	100克	柑　饼	75克
清　水	750克	生　油	500克

特点

甘甜松化，粉中稠黏。

制法

1 先将贡莲子洗净，放入不锈钢方盘，把清水煮滚趁热倒入莲子盘中，再放入蒸笼，用旺火炊30分钟，取出沥干，待用。把冰肉、柑饼切成细粒待用。

1 将炒鼎洗净，烧热，放入生油，候油温约200℃时，把已发好的莲子投入油中炸过，捞起。再把不锈钢锅洗净，放入白糖，加入清水200克、冰肉粒煮滚，后改用慢火羔烧（即熬制）滚至有稠度时，再把柑饼粒投入，烧好后分装入10个小碗，即成。

脆皮金瓜筒

原料

金　瓜	1个（约600克）		
糖冬瓜片	50克		
白　糖	300克	粟　粉	30克
威化纸	2张	橙　膏	25克
自发粉	100克	清　水	60克
生　油	500克（耗75克）		

特点

外表酥脆，内甜香滑。

1 先将金瓜去皮，用刀切成小块，用大碗装着，碗底先放少量白糖，再放入金瓜块，每放入一块金瓜，都要撒上一层白糖。把金瓜块放完后，放入剩余的白糖，腌制24小时。然后，将分泌出来的糖水倒出约100克，掺入粟粉中搅成稀浆待用。接着把已腌制过的金瓜块连同糖水一起放入不锈钢锅内，先用中火煲滚，再改为慢火煮，煮至尚存少量糖水时，倒入粟粉浆，搅拌均匀，放入橙膏，再搅成泥状，便成瓜泥，装在不锈钢盘中，放入冰箱冷藏待用。

2 将威化纸2张连在一起摊开，分别放上金瓜泥，再将糖冬瓜片用刀切成条，并分别放在金瓜泥中间，卷成长筒条状待用。然后把自发粉盛在碗间，加入清水60克，用筷子搅拌均匀，再加入15克生油，再搅拌均匀，便成脆浆。

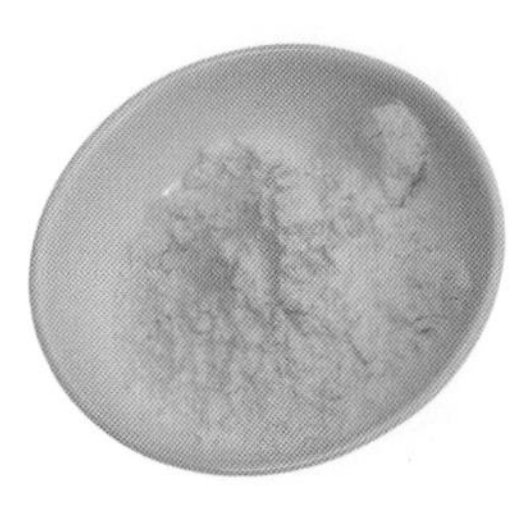

3 将炒鼎洗净，烧热，倒入生油，候油温约为180℃时，把已卷好的金瓜卷分别粘上脆浆，放入鼎内炸至呈金黄色，捞起，用刀切件放在餐盘上即成。

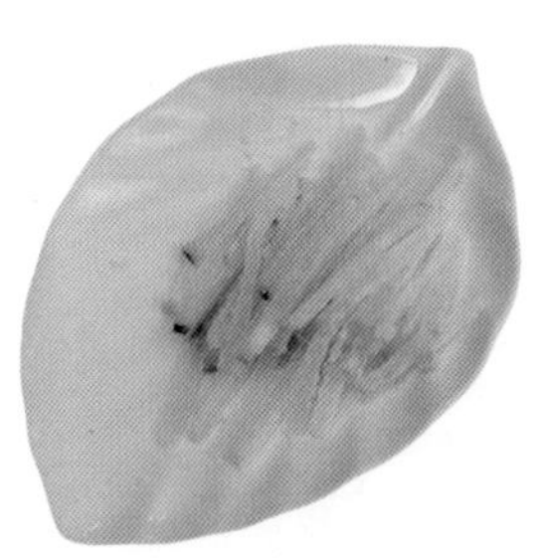

脆炸芋泥

特点 外皮酥脆，内甜香滑。

原料

甜芋泥	600克	自发粉	250克
青　葱	500克	熟猪油	50克
清　水	200克	生　油	750克（耗100克）

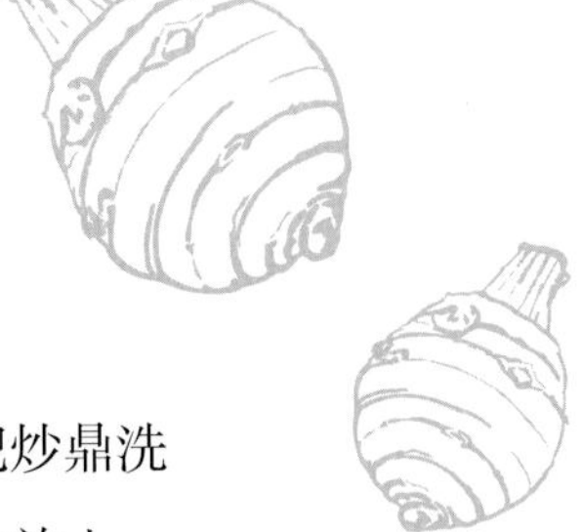

1 先将青葱洗净，用刀切成细葱珠，再把炒鼎洗净烧热，放入熟猪油，候油热时把葱珠放入，待葱珠煎至出香味时倒出，便成葱珠油。然后把葱珠油拌入芋泥中，用手压拌均匀，再把芋泥分搓成12粒盛入餐盘，放入冰箱冷藏至硬身待用。

2 把自发粉用大碗盛着，加入清水200克，搅拌均匀，不能有颗粒，否则会影响质量，然后加入生油40克，再搅拌均匀便成脆皮浆，待用。

3 将炒鼎洗净烧热，倒入生油，候油温约180℃时，将芋泥逐件粘上脆皮浆，投入油中炸。炸至外皮酥脆且呈金黄色时，用餐盘盛起即成。

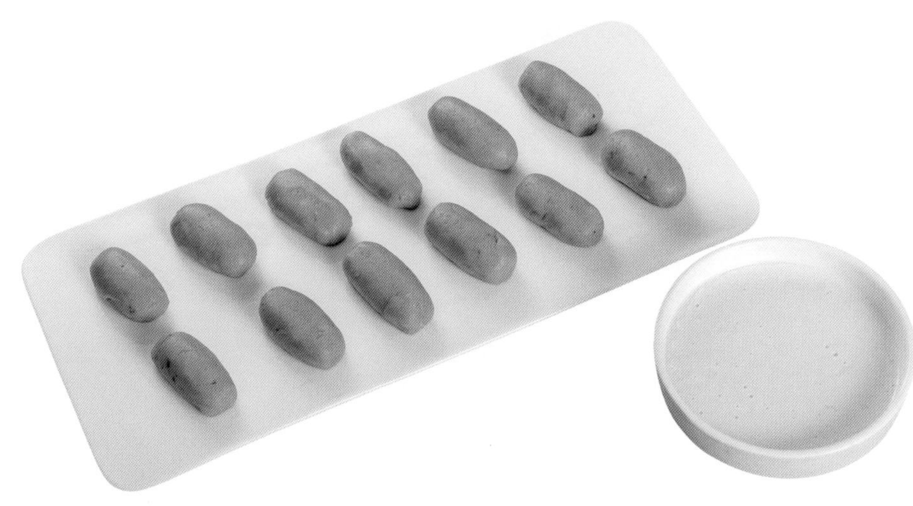

炸来不及

原料

香蕉	4根	鸡蛋	1个
生粉	50克	橘饼	50克
白糖	100克	面粉	75克
粉糖	50克	糖冬瓜片	50克
熟白芝麻	15克	泡打粉	5克
清水	130克	生油	750克（耗75克）

特点 清香松脆，香蕉味浓。

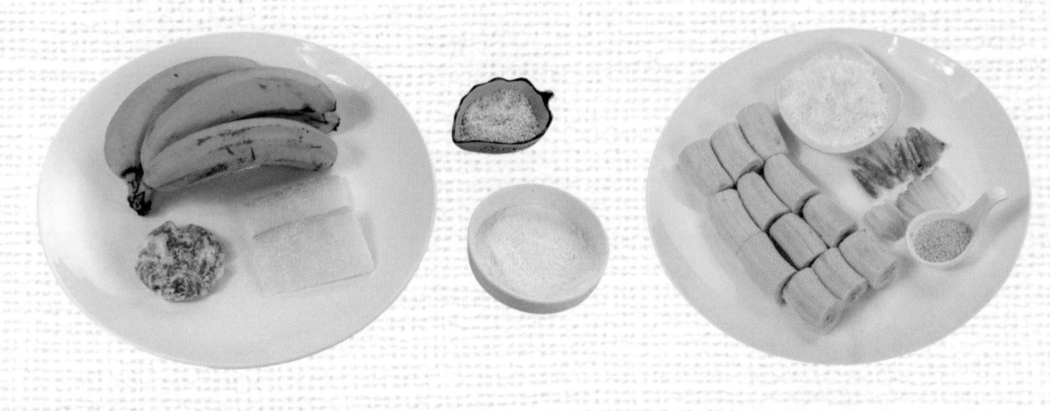

1 把香蕉去皮，切掉头尾，切为3段，除去蕉心中间的肉，再把橘饼、糖冬瓜片都切成条（要和香蕉段的长度相等），在香蕉段中间夹入橘饼、糖冬瓜片各1条待用。

2 把鸡蛋去壳，加入面粉、生粉、泡打粉和清水80克拌匀成糊状。

3 烧热炒鼎，放入生油，候油温约180℃时，把香蕉段放入蛋面糊内拖一拖后，逐个下油鼎炸至每个浮出油面呈金黄色时，捞起盛入餐盘。

4 用白糖100克加清水50克下鼎溶成糖浆，淋在炸香蕉段上，再把粉糖和熟白芝麻拌匀，撒在上面即成。

特点 外酥肉嫩，香甜可口。

金钱酥柑

原料

潮州蜜柑	1 000克	鸡　蛋	3个
冰　肉	100克	白　糖	100克
糖冬瓜片	100克	面　粉	100克
橘　饼	100克	芝　麻	15克
糕　粉	250克	生　油	500克（耗100克）

制法

1 先将潮州蜜柑剥去皮，撕去丝络后分成小片，把每片用刀切开成圆形（但不要切断）。

2 把糖冬瓜片、橘饼、冰肉切成丝，掺入白糖、糕粉、芝麻制成馅。鸡蛋磕开后取鸡蛋白盛在碗里（蛋黄不用），和入面粉搅成浆状待用。

3 把糖冬瓜丝、橘饼丝、冰肉丝放在柑片上再盖上1片柑片，用手压紧，蘸上蛋白浆放入烧热的油鼎里炸至酥脆捞起，砌在盘里即成。

炸姜薯卷

原料

净姜薯	500克	糖冬瓜片	100克
橘　饼	50克	白　糖	150克
猪网油	100克	生　粉	100克
鸡　蛋	2个	生　油	750克（耗100克）
清　水	50克		

特点

清甘香甜，粉中带爽。

1. 先将净姜薯去皮，用刀切成片，放入蒸笼炊熟，炊熟后趁热倒在砧板上，用刀压烂，成姜薯茸待用。再将糖冬瓜片、橘饼用刀切成细丝。猪网油用清水漂洗干净，摊开滤干水分待用。
2. 将姜薯茸加入白糖50克进行搅揉，搅至白糖稍溶化时，再加入糖冬瓜片丝、橘饼丝稍压拌均匀，然后放在已洗好的猪网油上，包成约5厘米×2.5厘米的卷形状，便成姜薯卷。
3. 先将鸡蛋白用筷子搅拌均匀候用，再把每件姜薯卷分别先蘸上鸡蛋白，后粘上生粉，用手稍压实待用。
4. 将炒鼎洗净烧热，放入生油，候油温约180℃时，把姜薯卷放入油中炸至透心捞起，用餐盘盛着。把鼎内的生油倒回，将鼎洗净，放入清水50克和白糖100克用慢火煮成糖油，淋在姜薯卷上面即成。

银杏鸽蛋

特点 色泽美观，口感绵润，甜度适宜。

原料

银　杏	750克
乳鸽蛋	20粒
白　糖	400克
冰　肉	50克
清　水	200克
精　盐	1克

制法

1 先将银杏用清水煮滚，然后用清水漂洗脱膜，把银杏外表膜脱干净，待用。把乳鸽蛋放入冷清水（须放入1克精盐）煮滚，端离火炉，待浸5分钟后，捞起乳鸽蛋，再用冷水浸5分钟，脱去乳鸽蛋壳，在脱壳时要注意保持整粒完整。将冰肉切成粒待用。

2 将白糖放入不锈钢锅中，加入清水，同时放入已经处理好的银杏，然后放在煲炉上，用慢火煮滚，使白糖逐渐溶解。银杏吸收糖分，并以羔烧方法，煮至与糖水溶于一起后，再把乳鸽蛋和冰肉粒一起放入稍溶片刻，便成。把羔烧好的银杏分成10小碗，同时每碗放上2粒乳鸽蛋，即成银杏乳鸽。

炸高丽肉

原料

猪肥肉	250克	白　糖	300克
糖冬瓜片	50克	橘　饼	40克
老香黄	30克	花生仁	25克
白芝麻	20克	白糖粉	100克
自发粉	120克	生　粉	10克
生　油	1 000克（耗125克）		
清　水	280克		

特点

香甜酥脆，肥而不腻。

1 先将猪肥肉用刀切成每片约长2厘米、宽5厘米、厚2毫米的两片相连的薄片（即用飞刀的刀法处理），共切成24件。

2 用大碗盛着白糖，把每件猪肥肉片内外粘上白糖。然后逐件摆砌进另一餐盘，摆砌整齐并压实，大约用200克白糖，剩余的白糖100克另用。猪肥肉腌糖要经过24小时才可使用。

3 把花生仁、白芝麻分别炒香，再将花生仁剥去外膜，然后同白芝麻一起用食品搅拌机搅碎，盛入大碗，掺入白糖粉搅拌均匀候用。把已腌糖的猪肥肉用滚水冲掉白糖（糖溶化，使猪肥肉见透明度为止，这时已制成冰肉），用笊篱捞起，滤干水分。再用刀把冰肉的周围修整齐，同时将橘饼、老香黄、糖冬瓜片分别切成24片，夹在每件冰肉的中间，用手稍压实待用。

4 先将自发粉盛在碗内，加入清水200克、生油5克，搅拌均匀成为脆皮浆待用。再将炒鼎洗净烧热，倒入生油，候油温约180℃时，将每件冰肉分别蘸上脆皮浆，放入油中炸，炸至呈金黄色捞起，用餐盘盛着，便成高丽肉。再将剩下的白糖加入清水80克煮滚后，用清水把生粉开稀，勾入糖水中，然后淋在高丽肉的面上，再撒上花生仁、芝麻糖即成。

凉拌方鱼

原料

方　鱼	200克	荸荠肉	100克
芹　菜	100克	熟芝麻	10克
红　椒	5克	梅膏酱	100克
白　糖	75克	白　醋	50克
糖冬瓜片	25克	猪　油	25克

特点 酸甜香脆，十分可口。

制法

1 将方鱼除去头和骨，切成片状，投入油鼎中炸至酥脆。芹菜去根叶用滚水泡过后切段。荸荠肉、糖冬瓜片、红椒切片状待用。

2 把处理好的方鱼、芹菜段、荸荠肉、糖冬瓜片、红椒片盛在餐盘里，再把熟芝麻撒在上面。

3 将白糖、白醋放在碗里搅拌至溶化，加入梅膏酱再拌匀，然后倒入餐盘和原料一起拌匀即成。

凉蜜金瓜

原料

金　瓜　　1 000克

白　糖　　600克

特点

甜蜜香醇，胶黏清凉。

1 先将金瓜刨去瓜皮，挖掉瓜籽，洗净，用刀切成20块三角形状块。用一个汤盆先放入少量白糖垫底，然后把金瓜块放入压平，再放入一层白糖，压上金瓜块，一层又一层地放入。最后把全部的白糖放入，腌制6小时，使金瓜块的瓜汁分泌出来，瓜块逐渐结实待用。

2 将已腌制好的瓜汁倒入锅内，用慢火煮滚。舀清面上的浮沫。滚至稍有黏胶时，再把瓜块全部倒入煮滚。用慢火熬至糖汤变成有黏度的糖油时，瓜块明亮，即可捞起，盛在餐盘间。

3 把已蜜好的金瓜块摆砌好，淋上蜜瓜的糖油，用保鲜纸封紧，放入冰箱冷藏30分钟取出。上席时把保鲜纸撕掉即成。

冻杏仁豆腐

原料

琼　脂	50克	鱼胶粉	10克
鲜牛奶	1 500克	北杏仁	100克
白　糖	500克	清　水	1 800克
红绿樱桃	数个		

特点 清凉爽滑，香甜解渴。

制法

1. 先把琼脂用汤盆盛着，加入清水浸泡，约浸2小时后，洗净捞起待用。
2. 将北杏仁盛入碗内冲入滚水浸泡30分钟后，脱去外衣，冲洗干净。然后放入食品搅拌机，加入清水100克，搅成杏仁浆待用。
3. 将清水1 500克和鲜牛奶500克倒入锅内，再放入已浸泡好的琼脂和鱼胶粉，用慢火煲滚，煲至琼脂全部溶化时，加入白糖400克煮滚。然后加入鲜牛奶1 000克、杏仁浆再滚后，舀掉浮在面上的泡沫，倒入9寸方盘，待冷却凝固，便成杏仁豆腐。
4. 另用白糖100克和清水200克煮成糖水，待凉。把杏仁豆腐用刀切成2厘米 × 2厘米的方块状，放入汤碗，再倒入糖水，把红绿樱桃切半放上，用保鲜纸密封，放入冰箱冷藏20分钟取出即成。

凉拌蚌羹

原料

鲜　蚌	750克	荸荠肉	100克
方　鱼	50克	熟芝麻	10克
红辣椒	10克	梅膏酱	100克
白　糖	75克	白　醋	50克
糖冬瓜片	25克	红辣椒酱	5克
麻　油	3克	芫　荽	100克

酸甜香辣，爽脆软醇。

制法

1 先将方鱼除去头和骨，切成片状，用油炸至酥脆，芫荽洗净摘叶候用。荸荠肉、糖冬瓜片、红辣椒均切成片状待用。

2 将鲜蚌洗去泥沙，漂洗干净，然后盛入汤盆，放入芫荽头。再将炒鼎洗净，放入清水，待水煮滚后，趁沸腾时冲入汤盆内，使鲜蚌烫焯片刻，然后倒掉热水，用手将鲜蚌拆开，取出蚌肉用碗盛着待用。

3 把处理好的方鱼、芫荽叶、荸荠肉、糖冬瓜片、红辣椒盛在餐盘间。再把蚌肉倒在面上，撒上熟芝麻，然后把白糖、梅膏酱、白醋、红辣椒酱、麻油放在碗里搅拌均匀，倒入餐盘和原料一起搅拌均匀即成。

凉冻五果

原料

西　瓜	500克	猕猴桃	200克
菠　萝	125克	苹　果	250克
山东梨	250克	冰　糖	500克
清　水	1 000克		

特点

果、汁清香凉爽。

制法

1. 将西瓜、苹果、菠萝、山东梨去皮、去心，猕猴桃去皮，分别用刀切成丁状，用纯净水一同洗漂后捞干待用。
2. 用清水将冰糖煮滚，使其溶化成糖水，用漏斗过滤，盛在餐碗里，待凉后放入西瓜、苹果、菠萝、山东梨、猕猴桃5种果丁，加盖密封放入冰箱冷冻30分钟即成。

潮汕落汤钱

原料

糯米粉	500克	清　水	250克
花生仁	100克	白芝麻	30克
黑芝麻	30克	葱　白	100克
生　油	75克	白糖粉	200克

特点

甜滋软柔，葱香味浓。

制法

1 先将花生仁、白芝麻、黑芝麻分别炒香、炒熟，然后把花生仁的膜脱掉，用食品搅拌机把花生仁、白芝麻、黑芝麻搅拌成末，用大碗盛着待用。用刀把葱白切成葱珠。洗净炒鼎，放入生油烧热，然后放入葱珠，煎炒至呈金黄色且有香味时，用碗盛着待用。

2 将糯米粉盛入汤盆，加入清水，搅拌成生糯米团。再用一个不锈钢锅盛着清水，放在炉上煮滚。把生糯米团分成6块，每块用手捏成圆状，然后压成薄圆形，中间用手指钻一个孔，放入滚水中煮，煮至浮起，待熟透后捞起，盛在汤盆间，倒入葱珠油，用木槌擂拌均匀，便成落汤钱待用。

3 把已擂好的落汤钱，分成20粒，用花生末、芝麻末垫底，使每粒落汤钱都粘上花生末和芝麻末，然后稍压扁，摆砌在餐盘间，撒上白糖粉即成。

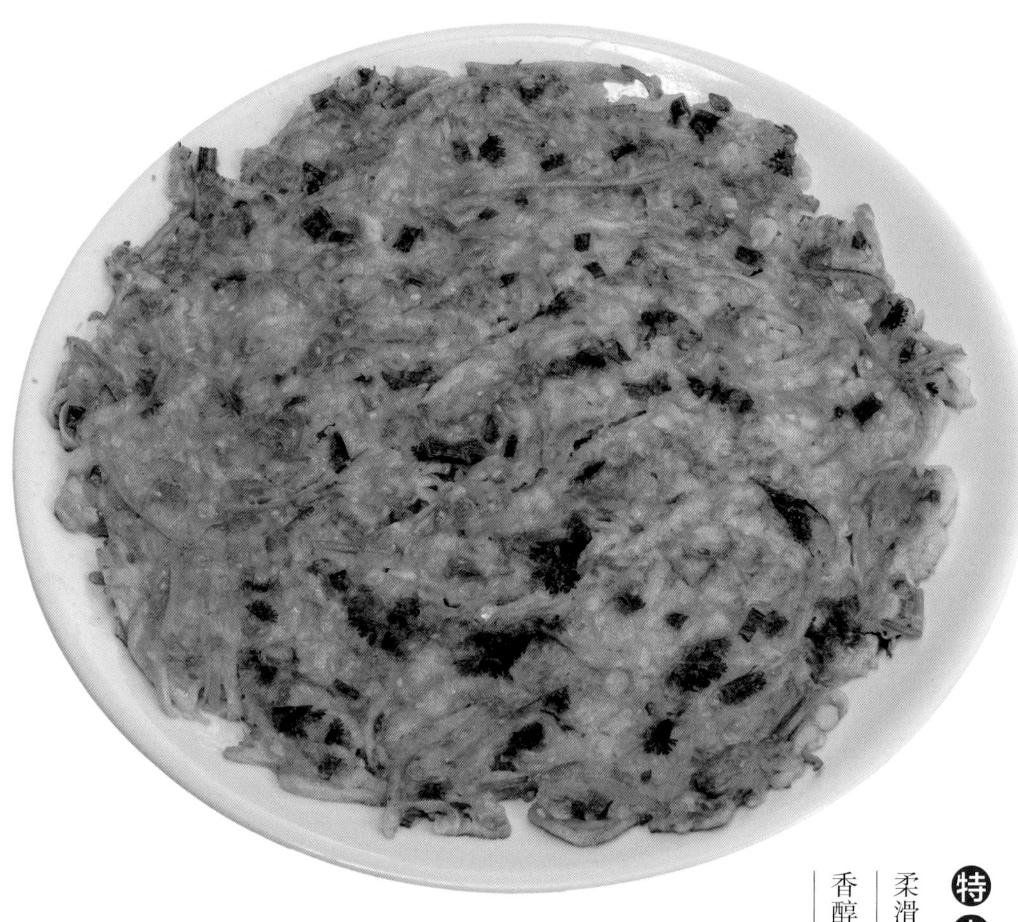

特点 柔滑软润，香醇甜滋。

甜秋瓜烙

原料

秋瓜（水瓜）	500克	咸菜脯（萝卜干）	20克
糖花生仁条	75克	白　糖	100克
生　粉	150克	澄面粉	50克
白芝麻	10克	生　油	100克

制法

1 先将秋瓜刨皮洗净，放在砧板上用刀切成条状。咸菜脯用清水洗干净，用刀剁成茸。用汤盆盛着秋瓜条、菜脯茸，加入白糖搅拌均匀，静置10分钟，使秋瓜的水分分泌出来，同时白糖溶化。然后加入生粉、澄面粉搅拌均匀，便成秋瓜烙浆待用。

2 将糖花生仁条用木槌碾压成糖花生仁糠待用。

3 将不粘平面鼎洗净烧热，先放入30克生油，再把秋瓜烙浆搅匀，倒入鼎内，在鼎内用木铲搅拌均匀，使其糊化，再抹平，撒上白芝麻。在煎时再加入生油30克。煎至一面稍呈金黄色时，翻转过来再煎烙另一面，再加入生油40克，煎烙至熟透。盛入餐盘，撒上糖花生仁糠即成。

太极马蹄

原料

马蹄肉　　750克

杨梅（如果无杨梅，可使用草莓酱代替）　200克

清　水　　400克

生粉水　　50克

白　糖　　400克

特点 色调美观，味道清甜。

制法

1 先将马蹄肉用食品搅拌机搅成泥待用。

2 鼎里放入清水，加入白糖，煮滚使其溶化成糖水后，再把马蹄泥放入鼎里煮，和入生粉水，并用手勺推匀，盛进碗里。把杨梅制成汁，注入马蹄泥的另一边，成太极图形即可。

甜冬瓜泥

原料

刨皮冬瓜	1 000克
白　糖	300克
粟　粉	50克
鸡　蛋	2个
清　水	500克

制法

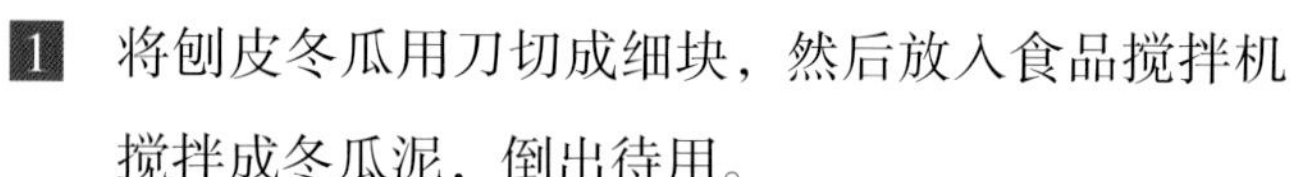

1. 将刨皮冬瓜用刀切成细块，然后放入食品搅拌机，搅拌成冬瓜泥，倒出待用。
2. 把清水和白糖放入鼎里煮滚后，投入冬瓜泥煮匀，再加入粟粉水，慢慢倒入冬瓜泥内，使之糊化。然后将鸡蛋液倒在碗内，用筷子搅拍均匀，徐徐倒入冬瓜泥里，边倒边搅成蛋花，再盛入碗里即成。

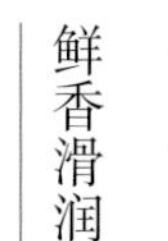

特点

鲜香滑润，

清甜解暑。

五果糯羹

特点 黏滑甜润，粉甘香醇。

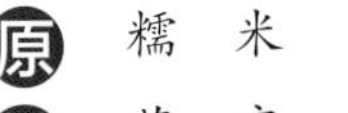

原料

糯　米	150克	莲　子	50克
芡　实	50克	薏　米	50克
白果肉	50克		
脱皮绿豆	50克		
白　糖	250克		
清　水	1 500克		

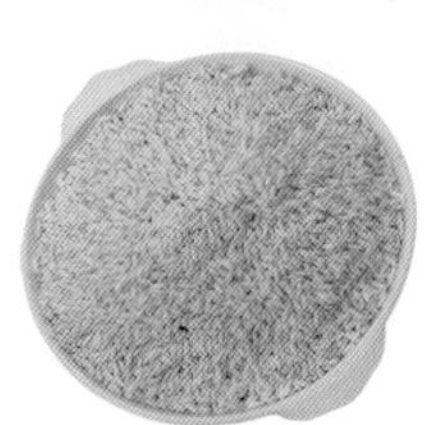

制法

1. 先将莲子、薏米、芡实用清水洗净，再用清水浸1小时，然后放入锅内，加清水1 000克煲滚，再用慢火熬至全部炖烂待用。
2. 将脱皮绿豆用清水浸泡2小时，捞起，滤干水分。放入蒸笼炊20分钟至熟待用。
3. 把糯米洗净，放入另一个锅内，加入清水500克，同时放入白果肉，先用猛火煲滚，后用中火煲，煲至糯米熟透时，把已熬好的莲子、薏米、芡实倒入糯米粥中。然后把熟绿豆投入搅均匀，加入白糖煮滚，煮至白糖全部溶化时，盛入汤窝即成。

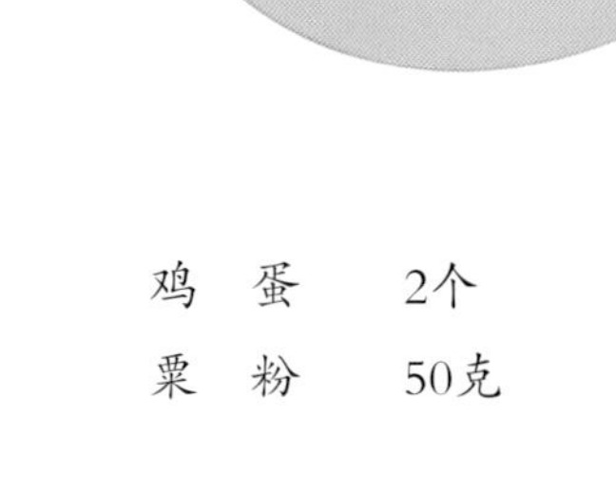

蛋花豆馔

原料

绿豆畔	150克	鸡　蛋	2个
白　糖	300克	粟　粉	50克
清　水	1 000克		

特点 清润甜滋，香醇粉滑。

1 先将绿豆畔用清水浸泡2小时后，用清水漂洗去掉绿豆皮，直到把绿豆畔全部漂洗干净为止，然后放入蒸笼炊20分钟便熟，取出待用。

2 将鸡蛋打破，把鸡蛋液盛在碗间，用筷子搅拌均匀待用。再将炒鼎洗净，放入清水1 000克，再放入白糖煮滚，滚至白糖全部溶化时，用少许清水把粟粉开稀，逐渐倒入糖水中，边倒边搅拌成稀糊浆，然后把熟绿豆畔撒入搅均匀，再把鸡蛋液徐徐倒入，用汤碗盛着即成。

冬瓜菠萝羹

酸甜爽口，
清香软滑。

原料	用量
冬　瓜	1 500克
白　糖	400克
菠萝肉	300克
粟　粉	10克
清　水	550克

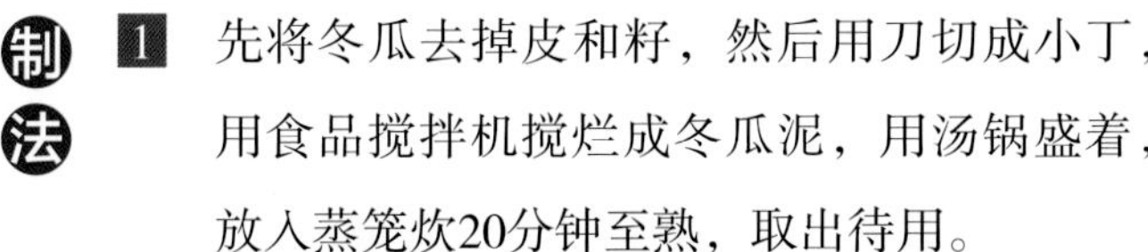

制法

1 先将冬瓜去掉皮和籽，然后用刀切成小丁，用食品搅拌机搅烂成冬瓜泥，用汤锅盛着，放入蒸笼炊20分钟至熟，取出待用。

2 将菠萝肉用刀切成小粒状，待用。再把已炊熟的冬瓜泥倒入鼎内，加入白糖400克、清水500克煮滚。然后将菠萝肉粒加入冬瓜泥内搅匀，再煮滚。最后用粟粉和清水50克调成薄粉水，徐徐掺入，搅匀，勾芡，分装进小碗即成。

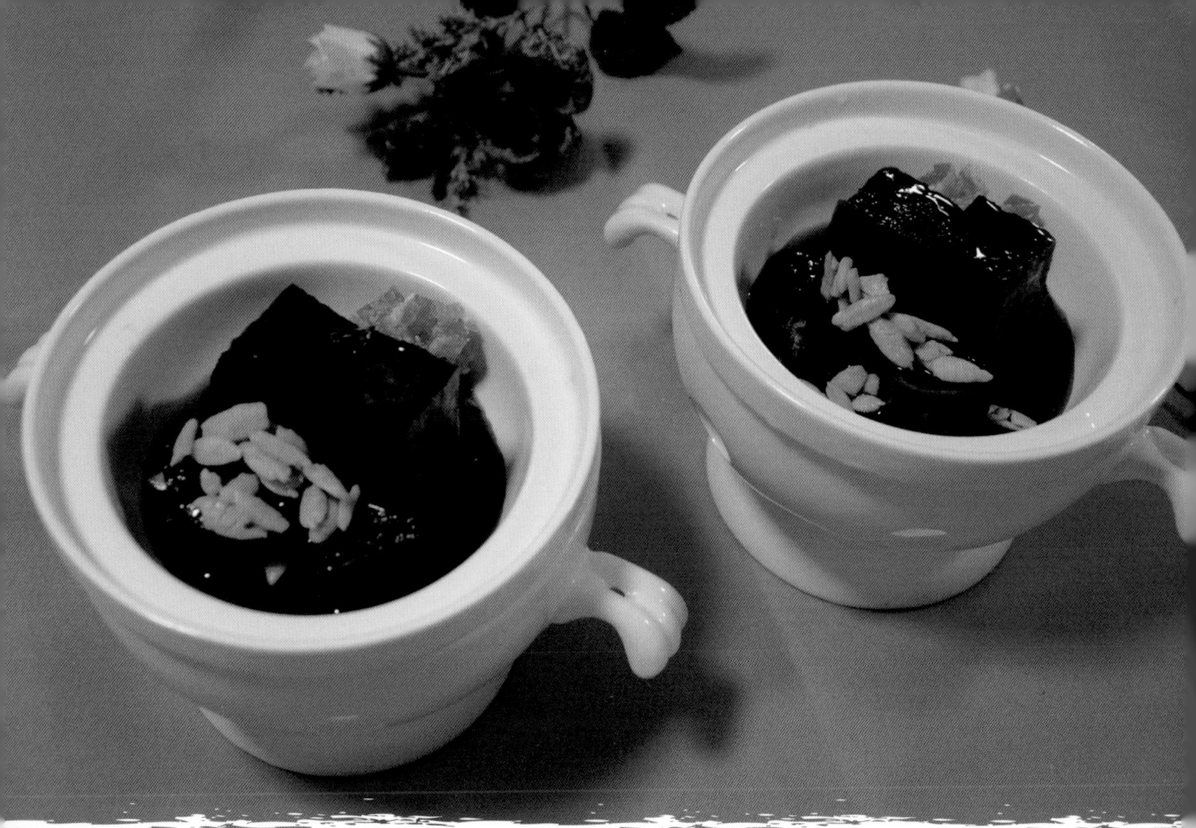

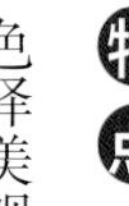

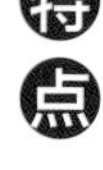

特点 色泽美观，粉甘香甜。

羔烧紫薯

原料

紫　薯	1 250克
白　糖	600克
麦芽糖	10克
糖柑饼	60克
榄　仁	50克
清　水	100克

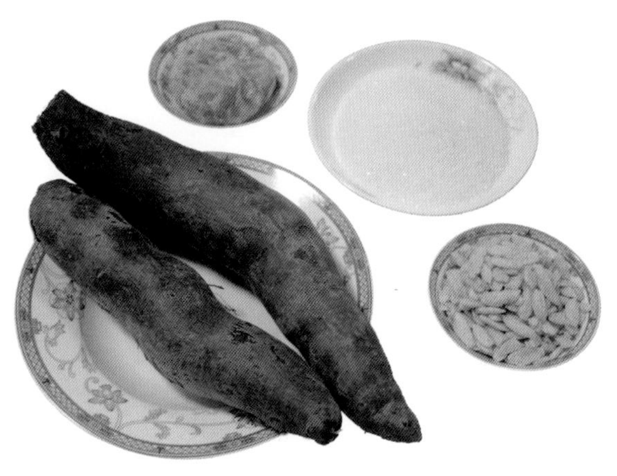

制法

1. 先将紫薯洗净去皮，用刀切成3厘米×3厘米方块状，用汤盆装着，再加入白糖搅拌均匀，腌制约12个小时，至白糖全部溶解，待用。把榄仁用热油炸过待用。糖柑饼用刀切成小粒状待用。
2. 将不锈钢锅洗净，倒入已经腌制好的紫薯块连白糖汁，加入清水、麦芽糖，然后放在炉上，先用中火煮滚，后改用慢火羔烧，熬至汤汁有稠度时，紫薯块熟透，把不锈钢锅端离炉位待用。
3. 将已羔烧好的紫薯块分别装在小碗中，要摆缀造型。把糖柑饼粒放在紫薯面上，再把剩下的糖汤分别淋上，最后把已炸过的榄仁分别放在紫薯上即成。

杏仁鱼鳃

原料

干沙鱼鳃	60克	冰　糖	300克
清　水	1 000克	脱皮杏仁	100克
纯　碱	5克	生　姜	30克
曲　酒	20克	青　葱	3条

特点　香甜嫩滑，润肺消痰。

制法

1 先将干沙鱼鳃用剪刀剪成小块，放入锅内，用50℃的温水冲入，用锅盖盖密进行浸泡，大约浸3小时后把水滤掉，再加入清水、纯碱、青葱、生姜（用刀拍破）。然后放在炉上，用慢火煲滚，在水沸腾时把曲酒倒入，待其再大滚一下，使之去掉腥味，把锅端离火位。待浸焗50分钟后，把水滤掉，放入清水，用手把每片鱼鳃上的黑膜脱洗掉，边脱边漂洗，漂洗至没有黑膜时，再用清水浸漂2天，每天换水2次，捞干待用。如果泡发的数量比较多，一时使用不完，可装入塑料袋放入冰箱冷藏保鲜，需用时比较方便。

2 将脱皮杏仁盛在碗间放入70℃的温水，浸泡至脱膜杏仁身软时，放入食品搅拌机，加入少量水，进行搅拌，搅至全部成浆状时，倒出，用白纱布过滤，压干，杏仁汁和杏仁渣分别待用。

3 把已发好的鱼鳃，装进锅内，加入清水750克，先用中火煲滚，后用微火炖，约炖1小时后，加入杏仁渣和剩下的清水，再煲滚，后转微火炖1小时30分钟。然后加入冰糖，煮至冰糖全部溶化时，再加入杏仁汁，煮滚便成。用汤窝或分为小盅盛着上席即成。

清汤芋泥

原料

芋　头	600克
白　糖	600克
荸　荠	6个
桂花粉	25克
猪　油	150克
红绿樱桃	各2个
清　水	100克

清甜香郁，润滑带汤。

制法

1 将芋头刨去皮切片，炊熟研磨成芋泥，将荸荠去皮制成荸荠花12件，红绿樱桃用刀切对半，桂花粉浸发后待用。

2 烧热炒鼎下猪油，放入芋泥、白糖400克，用手勺不断搅拌，至不粘鼎为止，盛入汤碗，加入荸荠花、桂花粉、红绿樱桃。鼎中加入清水100克、白糖200克，待煮滚后溶为糖水，淋入汤碗芋泥上再加入荸荠花、桂花粉、红绿樱桃即成。

特点

莲味香甜，清脆爽口。

鲜莲乌石

原料

乌石参	300克
鲜生莲子	100粒
冰　糖	500克
清　水	1 000克
姜　片	50克
青　葱	30克

制法

1. 将鲜生莲子去壳，剥去皮和膜，捅去莲子芯，用清水洗净，晾干待用。
2. 先将乌石参用清水浸12小时，然后捞入锅内，加入清水盖密，用慢火煲滚后，端离火位，用浸焗法浸约6小时，再将水倒掉，换入清水，再煲滚盖密，采用焗煲法连续进行2次。然后再连续性地用清水漂洗、浸漂，以漂清乌石参原来的石灰味为止，并以参身软黏为好，再用剪刀剪开，把肚内的沙石洗干净，再用清水浸着，待用。
3. 用刀把乌石参切成方粒状待用。在炒鼎内放入清水和姜片、青葱煮滚，再把乌石参粒轻轻倒入鼎内煮滚，约滚5分钟后捞起，盛入餐碗待用。
4. 将鼎洗净，放入清水，待清水滚开时，再放入冰糖，候冰糖煮至溶化后，去净表面的泡沫，然后把鲜生莲子和乌石参粒放入煮5分钟，分别倒入10个小餐碗即成。

鲜莲瓜盅

原料

鲜莲子	100粒
冬瓜半个	约1 500克
冰　糖	500克
清　水	400克
白　糖	100克

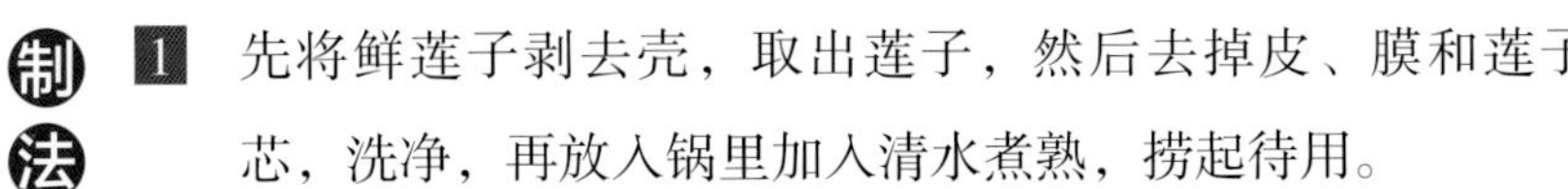

制法

1 先将鲜莲子剥去壳，取出莲子，然后去掉皮、膜和莲子芯，洗净，再放入锅里加入清水煮熟，捞起待用。

2 用雕刻刀在冬瓜表皮雕刻花纹后，将瓜籽挖掉，放入锅内用滚水煮10分钟捞出，用冷水冲洗后盛在大碗里；把白糖撒在冬瓜盅内，加入滚水，放入蒸笼炊至熟，约炊15分钟取出；把瓜盅内的水倒掉，再把已煮熟的鲜莲子放入瓜盅内，待用。

3 将炒鼎洗干净，放入清水400克，煮滚，然后放入冰糖，再煮至冰糖全部溶化时，便成糖汤，再把糖汤上面浮出的泡沫舀掉，把糖汤灌入冬瓜盅内即成。

特点

清甜解暑，为夏令佳品。

冰糖鱼鳃

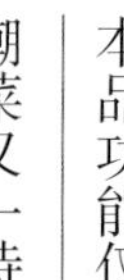

特点 清甜嫩滑，润肺降肝火。本品功能仅次于燕窝，是潮菜又一特色。

原料

干沙鱼鳃	60克	冰　糖	300克
清　水	1 000克	枸　杞	15克
纯　碱	5克	生　姜	30克
曲　酒	20克		
青　葱	3条		

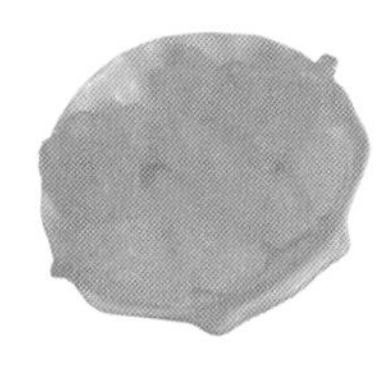

1 干沙鱼鳃的泡发过程参照第95页“杏仁鱼鳃”的制法。

2 将已泡发好的鱼鳃装入锅内，放入清水750克，先用中火煲滚，后用微火炖，约炖1小时后再加入清水250克。再煲滚，然后转为微火炖1小时30分钟，再加入冰糖和枸杞，煲至冰糖全部溶化，用汤碗或炖盅盛着即成。

木瓜蛤油

原料

雪蛤油	20克
冰　糖	250克
木　瓜	500克
白　糖	50克
清　水	1 000克

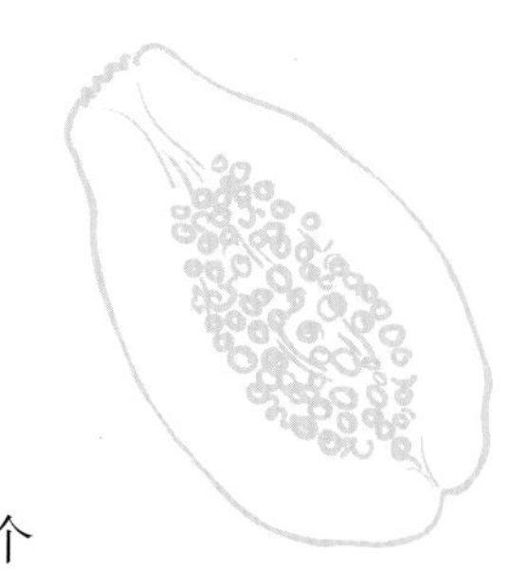

制法

1 将雪蛤油盛在大碗里，用70℃温水浸泡，浸约2个小时后，换掉水（要连续浸泡和换水2次）。然后，再用清水漂洗，取出拣去黑点和杂质，洗净滤干，放入碗中，加入白糖50克、清水20克，放入蒸笼，约炊1小时30分钟，取出滤干水分，待用。

2 把木瓜的皮刨掉，用刀切成6条，去籽，然后用刀切成棱角状，放入餐盘，入蒸笼炊8分钟后，取出待用。

3 把炒鼎洗净，放入清水、冰糖煮滚，滚至冰糖全部溶化，且汤面出现浮沫时，把浮沫舀掉。然后把已蒸好的雪蛤油、木瓜块分别盛进10个小碗间，再把已煮滚的糖水淋入即成。

特点

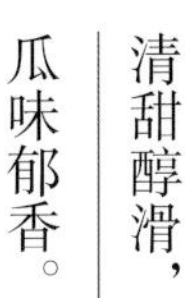

清甜醇滑，瓜味郁香。

芙蓉木瓜泥

特点 色调美观，味道清甜。

原料

木　瓜	1 000克	鸡　蛋	2个
清　水	400克	生粉水	50克
冰　糖	400克	生　油	少许

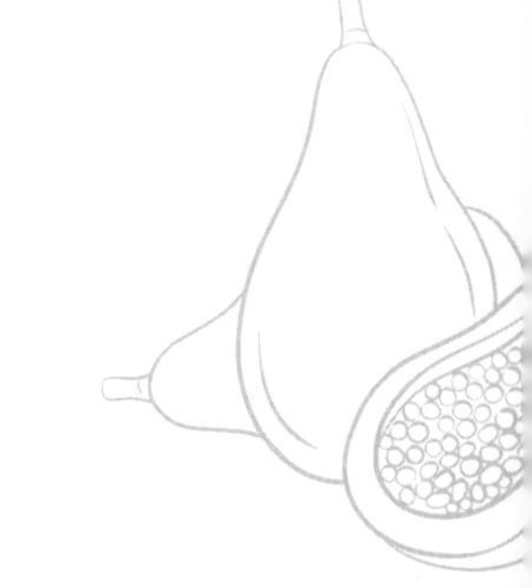

制法

1. 将木瓜去皮、籽，然后用食品搅拌机搅成泥，鸡蛋取蛋清待用。
2. 清水中加入冰糖放入鼎里煮滚，溶化成糖水后，再把木瓜泥放入鼎里煮，和入少许生粉水，并用手勺推匀，盛进碗里。
3. 将蛋清搅拌成芙蓉（泡沫状），放在涂抹了生油的盘里，入蒸笼炊10秒后取出，将炊好的芙蓉放在木瓜泥上面即成。

炖鱼翅骨

原料	
干鱼翅骨	150克
红　枣	150克
冰　糖	250克
生　姜	75克
清　水	约1 000克

特点

甜醇黏滑，补气上品。

制法

1 先将干鱼翅骨用锅盛着，加入清水浸泡8小时后，把水换掉（在这期间连续换2次清水），然后把生姜用刀拍破，放入锅内，用中火煲滚后，端离火位，待浸焗5个小时，再把鱼翅骨捞起，滤干水分待用。

2 把红枣洗净待用。将已发好的鱼翅骨放入不锈钢锅，同时放入清水，先用中火煮滚，后转慢火炖，约炖1小时30分钟。然后放入红枣，炖20分钟。再放入冰糖，炖10分钟，待冰糖全部溶化后，分盛入10个小碗即成。

甜姜薯丸

原料

姜　薯	750克	白　糖	400克
清　水	500克	生　粉	30克
绿樱桃	5个		

制法

1 将姜薯刨皮洗净，用食品搅拌机搅拌成姜薯泥，盛入碗中，加入生粉拌匀，挤成丸状，放入滚水锅中，慢火煮熟。

2 炒鼎洗净烧热，放入清水、白糖。待沸腾后去掉浮沫杂质，投入煮熟的姜薯丸，略煮滚后盛入小碗，分成10碗，然后把绿车厘子用刀切对半，分别放在碗的中间即成。

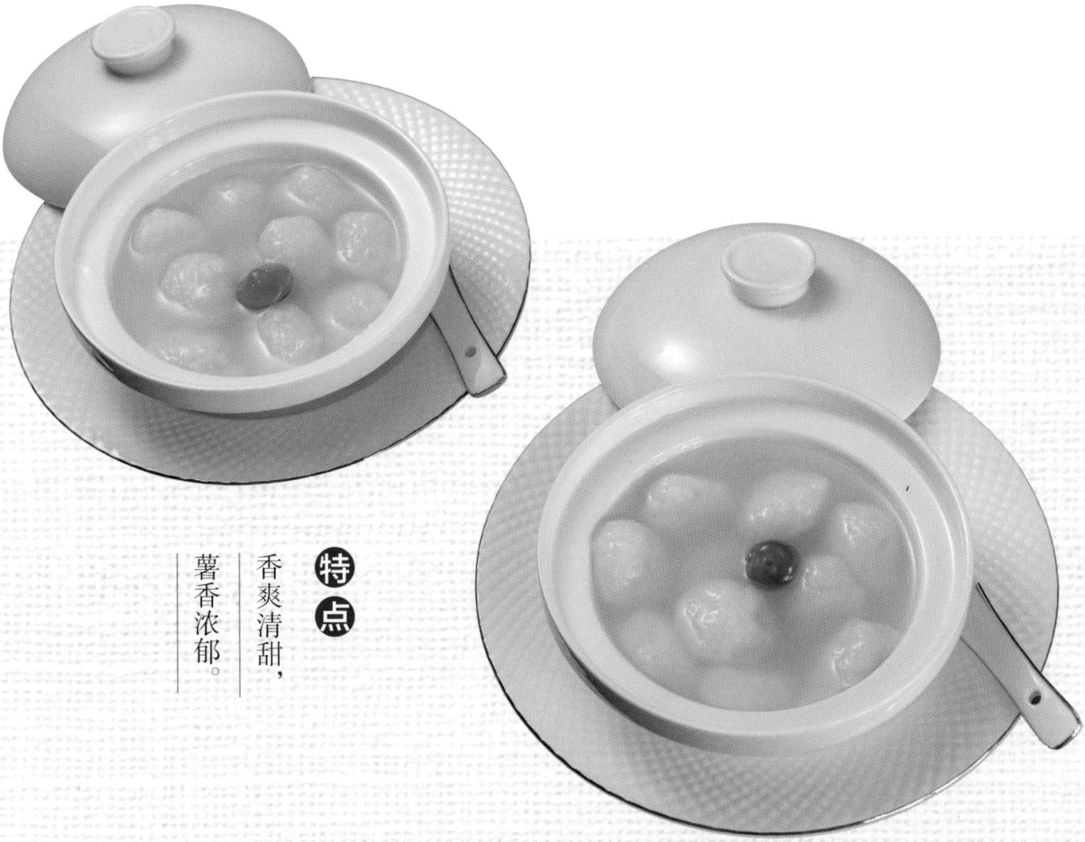

特点

香爽清甜，薯香浓郁。

木瓜翅骨

原料

干鱼翅骨	150克
木　瓜	400克
冰　糖	250克
生　姜	75克
清　水	约1 000克

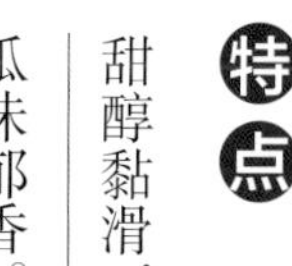

特点

甜醇黏滑，瓜味郁香。

制法

1. 先将干鱼翅骨用清水泡浸8小时后，把水换掉（在这期间应换2次水）。然后把生姜用刀拍破，放入锅内，用中火煲滚后，端离火位，待浸5小时，把生姜捞起去掉不要，再把水滤干，待用。
2. 把木瓜刨去瓜皮，再用刀切成棱角形状待用。
3. 将已发好的鱼翅骨装入不锈钢锅，加入清水，先用中火煲滚，后转慢火炖，约炖1小时40分钟，然后加入冰糖和木瓜，再用慢火炖20分钟，使冰糖全部溶化后，盛入10个小碗内即成。

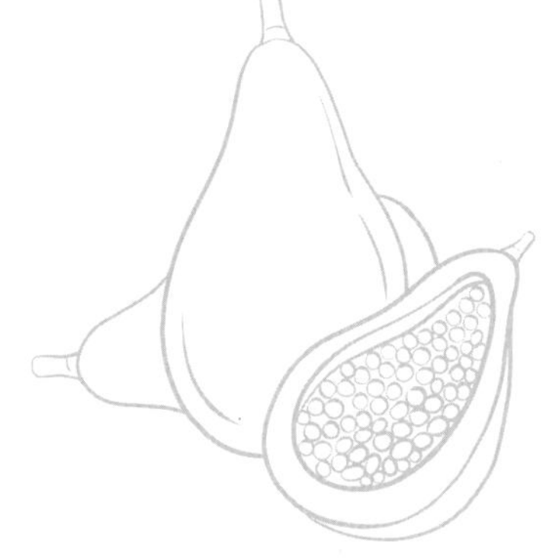

甜花生汤

特点 香甜粉烂，别具风味。

原料

原料	用量
花生仁	300克
白　糖	200克
清　水	1 500克
橙　膏	30克

1 先将花生仁盛入锅内，另用一个锅煲滚水。当水滚开时，把滚水趁热冲入放有花生仁的锅内，用锅盖盖密浸约15分钟。然后倒入竹筛内，用手捏擦，使花生仁膜脱出，边捏擦边漂水，漂至全部的花生仁膜脱干净为止，待用。

2 把已脱过膜的花生仁放入锅内，加入清水1 000克，先用旺火煮滚，然后改用慢火熬煲。熬至约1小时后，再加入清水500克，再煲滚后，改用慢火再熬，熬至花生仁用手指压下去成粉烂时，把白糖和橙膏放入搅拌均匀（熬煲的整个过程大约要2小时30分钟）。上席时把甜花生汤盛入汤碗，趁热上，即成。

双杏蛤油

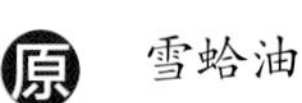

原料

雪蛤油	20克	冰　糖	250克
白　糖	50克	北杏仁	40克
南杏仁	40克	清　水	1 020克

特点

苦甘甜滑，杏味香醇。

1. 有关浸发雪蛤油的过程可参照第104页“木瓜蛤油”的制法。
2. 先将北杏仁用滚水浸泡10分钟后，用手脱掉杏仁膜，洗净，同南杏仁一起用70℃温水浸泡至杏仁身软，放入食品搅拌机加入200克清水，进行搅拌，搅至全部成浆状时，倒出，用白纱布过滤，压干，杏仁汁和杏仁渣分别放好待用。
3. 把已泡发好的雪蛤油盛入碗内，加入白糖50克，清水20克，放入蒸笼炊1小时，取出待用。
4. 将炒鼎洗净，放入清水800克，同时放入杏仁渣，煮滚。再放入冰糖，再煮，煮至冰糖全部溶化时，去掉泡沫。然后再放入已炊好的雪蛤油和杏仁汁，用慢火煮滚后，分成10个小碗即成。

甜姜豆腐

原料

豆　腐	10块	芹　菜	50克
红　糖	300克	老　姜	100克
普宁豆酱	10克	红心番薯	250克
清　水	1 000克		
生　油	750克（耗75克）		

特点

口味辣甜咸香，是潮汕民间风味菜，四季皆宜。

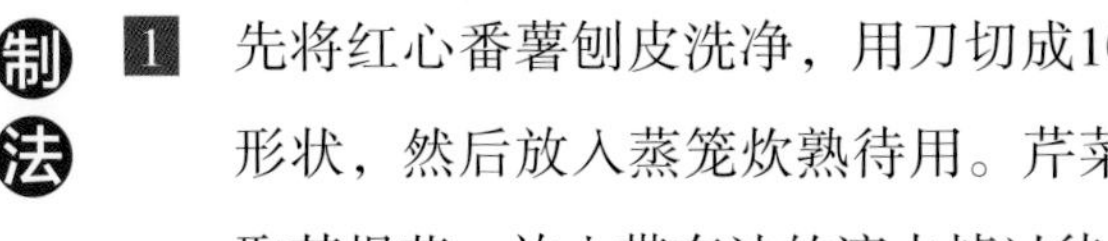

制法

1 先将红心番薯刨皮洗净，用刀切成10块方块形状，然后放入蒸笼炊熟待用。芹菜洗净，取其根茎，放入带有油的滚水焯过待用。

2 将炒鼎洗净，放入生油，候油温约200℃时，把豆腐逐块放入，用中火炸至透心，表面呈金黄色捞起待用。接着用剪刀把每块豆腐从旁边剪开，成为一个袋状，再把袋口张开放入一小块熟番薯，然后用芹菜茎把袋口扎紧，打上结待用。

3 将老姜洗净，用刀拍破放入砂锅内，加入清水，用中火煮，待水滚时，把红糖、普宁豆酱放入，再煲至糖水面上有泡沫时，把泡沫舀掉，然后将已扎好的豆腐袋逐件放入，用慢火煲滚，滚至透心，上席时要趁热，可原锅出，也可另装汤碗上席。

炒甜面条

味道香甜，面条润滑。

原料	用量
面　粉	400克
薯　粉	约100克
白　糖	350克
花生仁	75克
橘　饼	50克
葱　白	40克
芫荽叶	30克
清　水	160克
猪　油	100克

1. 先将面粉用筛斗筛过，放在砧板上，开成窝形，再将清水倒入面窝内，用手慢慢把近水旁的面粉逐渐拌入，使清水全部被面粉吸收，然后放入压面机，先压几次，再压成薄片，再用铰面机铰成薄面条（在压面过程中每次都要拍上薯粉）。
2. 把花生仁炒熟，脱红皮，碾成花生仁碎待用。橘饼用刀切成细粒状，葱白切成细葱珠。将炒鼎洗净，烧热，放入猪油50克，把已切好的葱珠放入鼎内，煎至金黄色，成为葱珠油，倒出待用。芫荽叶用清水漂洗后待用。
3. 将清水加入炒鼎中，候水沸腾时，把面条放入滚水内煮熟，捞起，过一下清水，然后在面条上抹少量猪油，待用。把炒鼎洗净，烧热，放入剩下的猪油，随之放入面条，同时加入白糖100克，用火慢炒，边炒边加入白糖250克，使糖受热溶化，被面条吸收，至白糖放完为止。再炒，炒至白糖完全被面条吸收，再加入葱珠油，搅拌均匀，用餐盘盛着，把花生仁碎、橘饼撒在面上，再把芫荽叶撒在面上和周围即成。

附录

部分烹饪专用词及原料、调料名称解释

焯——在滚水中略一煮就拿出来。

炊——清蒸。

蟹目水——煮至70℃时的清水。

飞水——在蟹目水中烫一下取出。

生粉——木薯淀粉。

薯粉——番薯淀粉。

雪粉——经漂白加工的番薯淀粉。

粟粉——玉米淀粉。

糕粉——又叫潮州粉，是用生糯米浸洗后，经炒熟磨成的粉。

澄面——经加工而成的无筋面粉，又称汀粉、小麦淀粉。

草鱼——鲩鱼。

脚鱼——甲鱼、鳖、水鱼。

螺蟾——螺头较硬部分。

生鱼——斑鱼。

蚝——牡蛎。

鱼饭——潮汕地区俗语：将多种多样的同类鱼装进小竹筐，撒上海盐，炊熟即为“鱼饭”。

虾胶——鲜虾肉（剔去虾肠）捣烂后，加入味精、盐、生粉和蛋清搅匀。

冰肉——已腌过糖的猪肥肉。

瓜碧——糖制的冬瓜片。

金瓜——金黄色的南瓜。

吊瓜——黄瓜。

珠瓜——苦瓜，也叫凉瓜。

秋瓜——水瓜。

荸荠——马蹄，俗称钱葱。

银杏——指银杏果，即白果。

菜胆——油菜、白菜的芯。

香菜——生菜、莴苣菜。

芫荽——胡荽，个别地方叫香菜。

菜远——去掉花及硬茎，留最嫩的一段。

竹笙——竹荪。

红萝卜——胡萝卜。

菜脯——咸萝卜干。

姜薯——甜薯，其外表像姜一样有小毛根，是潮汕的土特产，肉色洁白，质地清、甘、香。

芋茸——芋蓉。“茸”为潮菜惯用词。

川椒——花椒。

淮盐——用炒好的川椒末与精盐一起拌匀而成。

胡椒油——熟油中加入胡椒粉。

元酱——甜酱，用白糖、辣椒酱煮成的。

梅膏酱——盐浸梅子和白糖捣成的酱。

糖油——白糖和清水熬煮成的糖浆。

北葱——大葱。

葱珠——葱花，指切碎的葱段。

葱珠油——将葱珠煎成金黄色，且有葱香味的熟油。

猪网油——也称网油，指猪腹部呈网状的油脂。

包尾油——菜肴在上碟前加入适量猪油，以增加光亮度。

注：书中有一些文字的含义可能与通用的不一致，如广府的“炒镬”，北方叫“炒锅”，但潮汕叫“炒鼎”。这是因为潮汕地区民间和餐饮界对传统的中原饮食古文化保留得较为完整，为了传承潮汕地区的特有文化，本书特意保留了部分地道的潮汕用语。

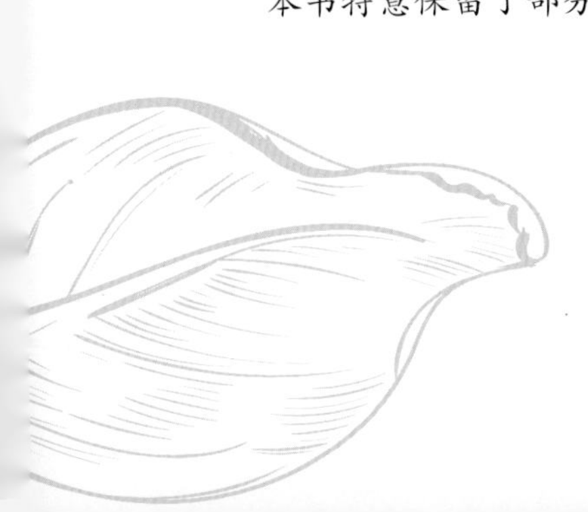